"十四五"高等学校新工科计算机类专业系列教材

系统能力课程

总主编 陈明

计算机网络设计与安全技术

张晓明◎编著

中国铁道出版社有限公司
CHINA RAILWAY PUBLISHING HOUSE CO., LTD.

内 容 简 介

本书为“十四五”高等学校新工科计算机类专业系列教材之一，面向计算机网络综合设计需要，融入安全技术，涵盖了网络设计基础、网络协议模拟和安全编程三部分。网络设计基础包括网络测量基础、局域网络设计和网络协议抓包分析；网络协议模拟包括组帧技术、CSMA/CD 协议、CSMA/CA 协议、透明网桥自学习算法和 ARP 等实现案例；网络安全编程包括 IP 地址校验、IP 首部校验和计算、UDP 报文校验和封装、TCP 报文校验和封装、网络主机与端口扫描程序设计、网络抓包编程等。

全书技术性和实用性强，突出工程能力培养，设计案例具有很好的参考价值。本书适合作为高等院校计算机科学与技术、网络工程、信息安全、通信工程、软件工程等专业教材，也可以作为高等院校计算机网络课程设计和专业综合实训的教材或参考书。

图书在版编目(CIP)数据

计算机网络设计与安全技术 / 张晓明编著. -- 北京 : 中国铁道出版社有限公司, 2025. 3. --（“十四五”高等学校新工科计算机类专业系列教材）. -- ISBN 978-7-113-31971-7

Ⅰ. TP393.0

中国国家版本馆 CIP 数据核字第 20252LB239 号

书　　名：计算机网络设计与安全技术
作　　者：张晓明

策　　划：秦绪好
责任编辑：王占清　闫钇汛　　　　**编辑部电话：**(010)63549508
封面设计：崔丽芳
责任校对：刘　畅
责任印制：赵星辰

出版发行：中国铁道出版社有限公司(100054，北京市西城区右安门西街 8 号)
网　　址：https://www.tdpress.com/51eds
印　　刷：河北宝昌佳彩印刷有限公司
版　　次：2025 年 3 月第 1 版　2025 年 3 月第 1 次印刷
开　　本：787 mm×1 092 mm　1/16　**印张：**11.5　**字数：**279 千
书　　号：ISBN 978-7-113-31971-7
定　　价：45.00 元

“十四五”高等学校新工科计算机类专业系列教材
编审委员会

序

习近平同志在党的二十大报告中回顾了过去五年的工作和新时代十年的伟大变革，指出："我们加快推进科技自立自强，全社会研发经费支出从一万亿元增加到二万八千亿元，居世界第二位，研发人员总量居世界首位。基础研究和原始创新不断加强，一些关键核心技术实现突破，战略性新兴产业发展壮大，载人航天、探月探火、深海深地探测、超级计算机、卫星导航、量子信息、核电技术、新能源技术、大飞机制造、生物医药等取得重大成果，进入创新型国家行列。"辉煌成就，鼓舞人心。更激发了广大科技工作者再攀科技高峰的决心和信心！

"新工科"建设是我国高等教育主动应对新一轮科技革命与产业革命的战略行动。新工科重在打造新时代高等工科教育的新教改、新质量、新体系、新文化。教育部等五部门在2023年2月21日印发的《普通高等教育学科专业设置调整优化改革方案》"深化新工科建设"部分指出，"主动适应产业发展趋势，主动服务制造强国战略，围绕'新的工科专业，工科专业的新要求，交叉融合再出新'，深化新工科建设，加快学科专业结构调整"。新的工科专业，主要指以互联网和工业智能为核心，包括大数据、云计算、人工智能、区块链、虚拟现实等相关工科专业。工科专业的新要求，主要是以云计算、人工智能、大数据等技术用于传统工科专业的升级改造。交叉融合再出新，指推动现有工科交叉复合、工科与其他学科交叉融合、应用理科向工科延伸，形成新兴交叉学科专业，培育新的工科领域。相对于传统的工科人才，未来新兴产业和新经济需要的是实践能力强、创新能力强、具备国际竞争力的高素质复合型新工科人才。而新工科人才的培养急需有适应新工科教育的教材作为支撑。

在此背景下，中国铁道出版社有限公司联合北京高等教育学会计算机教育研究分会、河南省高等学校计算机教育研究会、河北省计算机教育研究会等组织共同策划组织"'十四五'高等学校新工科计算机类专业系列教材"。本系列教材充分吸收了教育部推出"新工科"计划以来的理念和内涵、新工科建设探索经验和研究成果。

本系列教材涉及范围除了本科计算机类专业核心课程教材之外，还包括与计算机专业相关的蓬勃发展的特色专业的系列教材，例如人工智能、数据科学与大数据技术、

物联网工程等专业系列教材。各专业系列教材以子集形式出现,主要有:

- “系统能力课程”系列
- “网络工程专业”系列
- “软件工程专业”系列
- “网络空间安全专业”系列
- “物联网工程专业”系列
- “数据科学与大数据技术专业”系列
- “人工智能专业”系列

本系列教材力图体现如下特点:

(1)在育人功能上:坚持立德树人,为党育人、为国育才,把思想政治教育贯穿人才培养体系,注重培养学生的爱国精神、科学精神、创新精神以及历史思维、工程思维,扎实推进习近平新时代中国特色社会主义思想进教材、进课堂、进头脑。

(2)在内容组织上:为了满足新工科专业建设和人才培养的需要,突出对新知识、新理论、新案例的引入。教材中的案例在设计上充分考虑高阶性、创新性和挑战度,并把高质量的科研创新成果在教材中进行了充分体现。

(3)在表现形式上:注重以学生发展为中心,立足教学适用性,凸显教材实践性。另外,教材以媒体融合为亮点,提供大量的视频、仿真资源、扩展资源等,体现教材多态性。

本系列教材由教学水平高的专家、学者撰写。他们不但从事多年计算机类专业教学、教改,而且参加和完成多项计算机类的科研项目和课题,将积累的经验、智慧、成果融入教材中,努力为我国高校新工科建设奉献一套优秀教材。热忱欢迎广大专家、同仁批评、指正。

“十四五”高等学校新工科计算机类专业系列教材总主编 ①

2023年8月

① 陈明:中国石油大学(北京)教授,博士生导师。历任北京高等教育学会计算机教育研究分会副理事长,中国计算机学会开放系统专业委员会副主任,中国人工智能学会智能信息网络专业委员会副主任。曾编著13部国家级规划教材、6部北京高等教育精品教材,对高等教育教学、教改、新工科建设有较深造诣。

前　言

网络综合设计是计算机类专业的实践性教学课程，通常以两到三周的集中授课形式开展。要真正深入掌握某一种网络协议及其数据安全传输，最好的解决办法就是开展网络应用系统的设计和实现。基于网络安全和工程能力的不断提升要求，本书针对局域网络工程设计、协议仿真和网络安全编程都做了精心设计，主要表现为以下方面：

1. 教学思路

以网络协议的模拟设计为核心，以工程实践能力提高为目标，构建网络操作性、设计性和安全性设计项目，满足网络原理配套实验的需求，特别是网络课程设计和综合实践项目需求。

2. 体系设计

(1)网络设计基础：包括网络环境搭建和网络协议分析，给出了具体的实践案例，可以安排为计算机网络原理课的综合实验。前者包括网络命令操作、小型局域网设计、无线网配置等。对于网络协议分析，给出了完整的应用实例，涵盖了ICMP、IP、TCP、UDP、FTP等协议的数据包分析。

(2)网络协议安全编程设计项目：以数据链路层、网络层和传输层为重点，阐述了重要的网络协议模拟设计要点和安全编程技术，提供了多套设计案例。在网络协议方面，包括组帧技术实现、ARP程序设计、CSMA/CD协议模拟设计、CSMA/CA协议模拟设计、透明网桥算法的编程实现。在网络协议安全实现方面，包括IP/TCP/UDP数据的校验程序设计、主机扫描、网络端口扫描、网络抓包程序设计等。

(3)配套资料：每章末尾都有“习题”，既与正文技术案例相呼应，又有新的设计要求，便于读者参考和选用。

3. 教学条件

一方面，本书的设计类习题具有通用性，书中所用工具软件全部来源于开放环境，便于读者自学，如Wireshark抓包软件、网络调试助手、抓包编程组件等都可以免费下载；另一方面，系统设计的编程环境可自由选择。书中程序以C#为主，同时还有Python、C++、Java语言和Matlab工具的程序示例。

本书的设计案例主要来自编著者的教学设计和实践指导。本书也包含北京石油化工学院计算机网络课程组教师的积极实践和反馈，在此特表感谢。

尽管反复斟酌与修改，但因时间仓促、水平有限，书中仍难免存在疏漏与不足，望广大读者提出宝贵意见和建议，以便修订时更正。

编著者

2024年12月

目 录

第1章 网络测量基础 ······ 1
1.1 网络应用典型案例 ······ 1
1.1.1 高校组网案例 ······ 1
1.1.2 工业应用组网案例 ······ 1
1.2 常用网络命令及其应用 ······ 3
1.2.1 ping ······ 3
1.2.2 tracert ······ 4
1.2.3 netstat ······ 4
1.2.4 ipconfig ······ 6
1.3 网络测量概述 ······ 7
1.3.1 网络测量的含义 ······ 7
1.3.2 网络测量的研究方向 ······ 8
1.3.3 几款网络测量工具介绍 ······ 9
1.4 网络测量指标和计算方法 ······ 11
1.4.1 主要测量指标 ······ 11
1.4.2 时延计算 ······ 13
1.4.3 ICMP 时间戳请求与应答 ······ 15
小 结 ······ 16
习 题 ······ 16
第2章 局域网络设计 ······ 17
2.1 局域网络配置基础 ······ 17
2.1.1 局域网的拓扑结构 ······ 18
2.1.2 网络设备 ······ 18
2.1.3 传输媒体 ······ 18
2.2 基于双绞线的小型局域网设计案例 ······ 20
2.2.1 设计需求描述 ······ 20
2.2.2 局域网络拓扑设计要点 ······ 20
2.2.3 局域网络拓扑设计案例 ······ 21
2.2.4 实验室布局设计 ······ 22
2.2.5 网络工程概算案例 ······ 25
2.3 无线局域网配置 ······ 27
2.3.1 实验准备 ······ 27
2.3.2 基本配置 ······ 27

2.3.3 连通强度测试与计算 …… 27
2.3.4 无线网扩展方法 …… 28
2.3.5 基于WDS的无线网络扩展配置案例 …… 31
小　结 …… 32
习　题 …… 33
第3章　网络协议抓包分析 …… 34
3.1 数据包捕获基础 …… 34
3.1.1 数据包嗅探器原理 …… 34
3.1.2 Wireshark 工具介绍 …… 35
3.2 数据包捕获实验项目描述 …… 39
3.2.1 实验目的 …… 39
3.2.2 实验准备 …… 39
3.2.3 实验内容、要求和步骤 …… 39
3.2.4 实验思考与分析 …… 40
3.3 Wireshark 工具应用案例 …… 40
3.3.1 ping 命令的数据包捕获分析 …… 40
3.3.2 tracert 命令数据捕获 …… 41
3.3.3 端口扫描数据捕获与分析 …… 44
3.3.4 FTP 包的捕获与分析 …… 46
3.3.5 HTTP 包的捕获与分析 …… 49
小　结 …… 51
习　题 …… 51
第4章　组帧技术及其实现 …… 53
4.1 几种组帧技术比较 …… 53
4.1.1 广域网的四种组帧方法 …… 53
4.1.2 局域网的组帧技术 …… 55
4.1.3 无线局域网的帧结构 …… 56
4.2 组帧程序设计 …… 57
4.2.1 几种帧的差异分析 …… 57
4.2.2 组帧程序设计思路 …… 58
4.3 循环冗余码及其程序设计 …… 59
4.3.1 循环冗余校验码介绍 …… 59
4.3.2 CRC 计算的编程方法 …… 61
4.3.3 CRC 编程示例 …… 66
小　结 …… 66
习　题 …… 67
第5章　局域网协议仿真设计与实现 …… 68
5.1 CSMA/CD 协议的模拟实现 …… 68
5.1.1 CSMA/CD 协议的工作原理 …… 68

5.1.2　以太网结点的数据发送程序设计 …… 69
5.2　CSMA/CA 的模拟设计 …… 72
5.2.1　CSMA/CA 的工作原理 …… 72
5.2.2　CSMA/CA 的模拟程序设计 …… 73
5.3　透明网桥 …… 78
5.3.1　透明网桥的自学习算法 …… 78
5.3.2　透明网桥自学习算法的 C 语言实现 …… 79
5.3.3　透明网桥自学习算法的 C#语言实现 …… 83
小　结 …… 87
习　题 …… 87
第 6 章　ARP 分析与程序设计 …… 89
6.1　ARP 格式 …… 89
6.1.1　ARP 包格式 …… 89
6.1.2　ARP 的工作原理 …… 90
6.2　ARP 包分析 …… 92
6.2.1　ARP 命令操作 …… 92
6.2.2　ARP 包分析过程 …… 92
6.2.3　ARP 包间接交付 …… 93
6.2.4　ARP 包案例 …… 94
6.3　ARP 编程 …… 97
6.3.1　通过 ARP 由 IP 地址获取 MAC 地址 …… 97
6.3.2　完整的 ARP 包收发程序设计 …… 99
小　结 …… 108
习　题 …… 108
第 7 章　网络协议校验与传输程序设计 …… 109
7.1　IP 地址的合法性检验 …… 109
7.1.1　标准划分 …… 110
7.1.2　子网与超网编址方法 …… 111
7.1.3　IP 地址检验的程序设计方法 …… 111
7.2　IP 包分析 …… 112
7.3　IP 的首部校验和计算 …… 114
7.3.1　设计需求案例 …… 114
7.3.2　首部校验和计算程序设计 …… 116
7.3.3　校验和计算编程案例一 …… 116
7.3.4　校验和计算编程案例二 …… 118
7.4　UDP 报文封装程序设计 …… 122
7.4.1　UDP 报文格式 …… 122
7.4.2　UDP 的校验和计算方法 …… 123
7.4.3　UDP 报文封装编程示例 …… 124

7.4.4 UDP 报文发送编程案例 …… 125
7.5 TCP 报文封装程序设计 …… 126
7.5.1 TCP 报文段的首部格式 …… 126
7.5.2 TCP 报文的校验和计算程序设计 …… 127
小　结 …… 129
习　题 …… 130
第 8 章　网络主机与端口扫描程序设计 …… 131
8.1 ICMP 报文 …… 131
8.1.1 ICMP 格式 …… 131
8.1.2 ICMP 报文分析 …… 132
8.2 基于 ICMP 的主机扫描程序设计 …… 134
8.2.1 主机扫描流程设计 …… 135
8.2.2 主机扫描程序设计 …… 136
8.3 网络端口扫描原理 …… 140
8.3.1 网络进程通信原理 …… 140
8.3.2 端口扫描技术分析 …… 141
8.4 网络端口扫描程序设计 …… 143
8.4.1 端口扫描流程设计 …… 143
8.4.2 指定端口扫描入门 …… 143
8.4.3 具有人机界面的端口扫描程序 …… 144
8.4.4 多线程端口扫描程序设计案例 …… 145
小　结 …… 148
习　题 …… 148
第 9 章　网络抓包程序设计 …… 150
9.1 网络抓包软件体系结构分析 …… 150
9.1.1 网络抓包技术分析 …… 150
9.1.2 WinPcap 的体系结构 …… 151
9.2 基于 WinPcap 的抓包程序设计 …… 152
9.2.1 WinPcap 编程基础 …… 152
9.2.2 WinPcap 应用案例 …… 155
9.3 基于 SharpCap 的抓包程序设计 …… 161
9.3.1 SharpCap 应用入门 …… 161
9.3.2 常用数据结构和函数 …… 162
9.4 基于原始套接字的抓包程序设计 …… 164
9.4.1 设计案例说明 …… 165
9.4.2 关键代码分析 …… 166
小　结 …… 170
习　题 …… 170
参考文献 …… 171

第1章 网络测量基础

网络测量对于网络性能探测和工程设计优化具有重要的意义。 测量过程涉及待测网络拓扑，需要借助有效的测量方法学，来构建主动或被动测量方案。 通过大规模长周期测量的数据分析，能够发现网络攻击和安全隐患，以便及时防范，减少损失。 本章从网络应用入手，引入校园网和工业监测方面的案例，体现我国的网络工程元素，激发网络设计的兴趣和动力。 通过网络命令和工具使用，以及时延、ICMP 时间戳等指标计算，为网络测量打下基础。

学习目标

(1)通过常用网络命令的使用,具备网络故障诊断的基本能力。
(2)培养探索网络测量的基本计算和应用能力。

1.1 网络应用典型案例

在实际网络应用系统中,除了常规的网络互联方法外,还要考虑网络安全、信息单向传递、信息过滤、高可用性等因素,在内网与外网、有线与无线网络、入侵检测与防护等方面设计综合解决方案。

下面给出校园网和工业监测方面的几个典型案例。

1.1.1 高校组网案例

某高校校园网络拓扑结构如图 1.1 所示。采用 S8505 作为核心交换机,CAMS 负责用户认证和用户计费。

1.1.2 工业应用组网案例

我国华为公司在自主产品研发和网络技术创新方面独树一帜。比如华为智能矿山融合 IP 工业网(煤矿)解决方案,已在多个省市成功应用,其系统架构如图 1.2 所示。

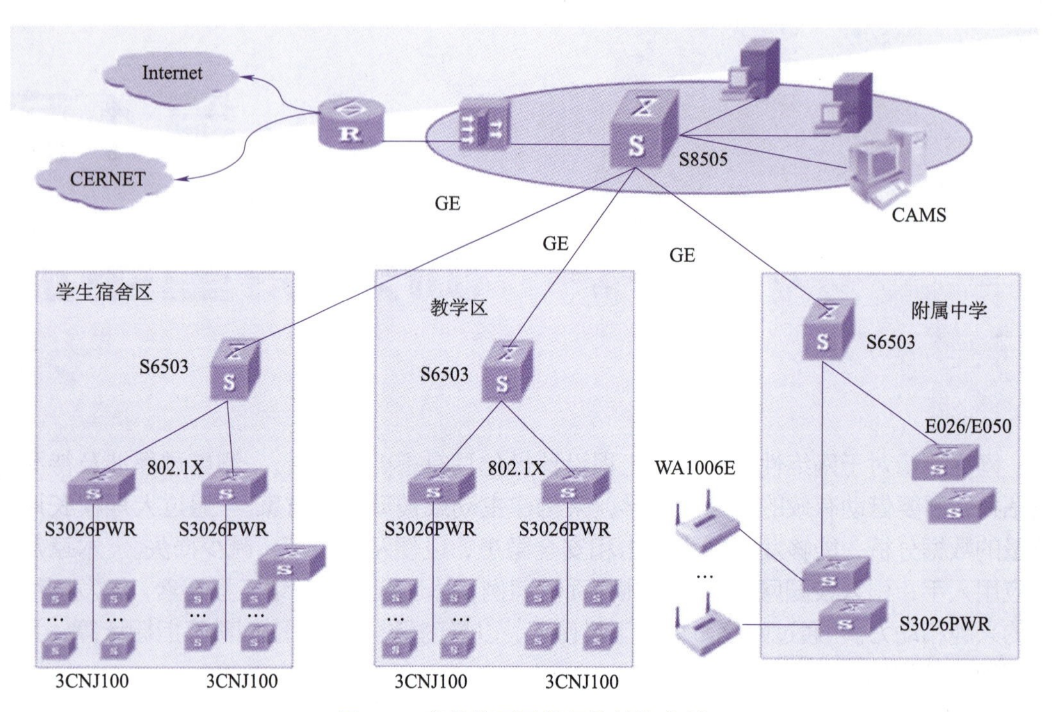

图 1.1　高校校园网络拓扑结构案例

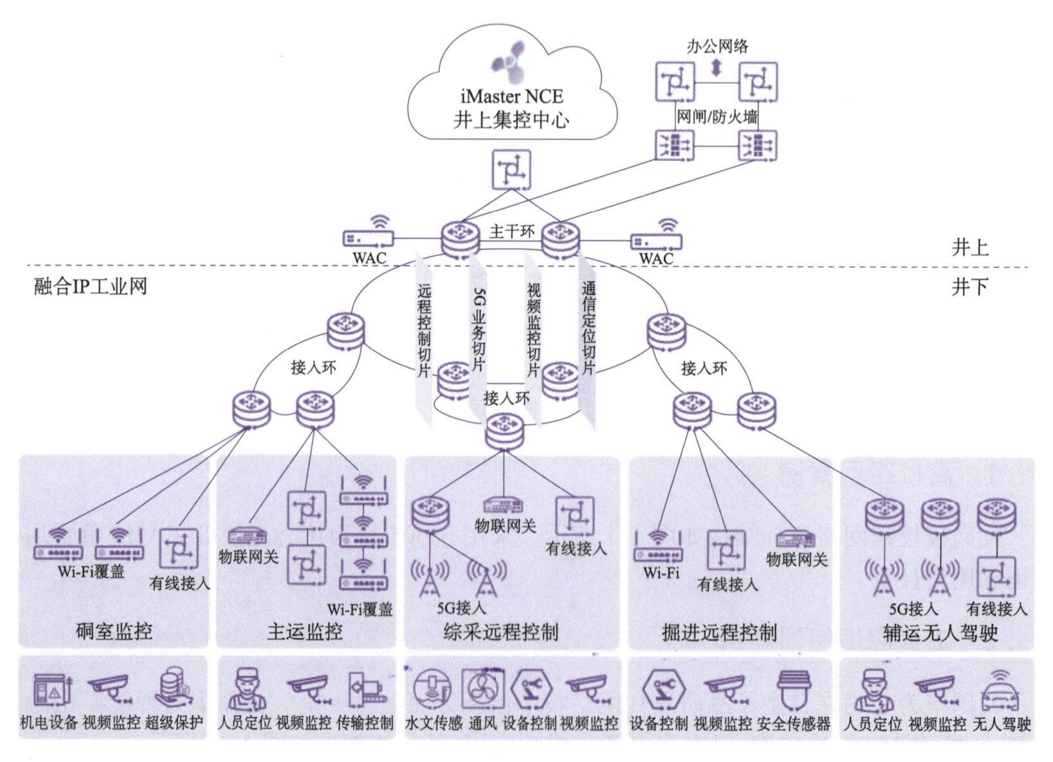

图 1.2　华为智能矿山融合 IP 工业网解决方案架构

1.2　常用网络命令及其应用

常用命令包括 ping、tracert、netstat 和 ipconfig 等,掌握这些网络命令,便于网络配置方法以及 TCP/IP 的诊断。

1.2.1　ping

ping 是最常用的测试网络故障的命令,它是测试网络连接状况以及信息包发送和接收状况的工具。它的主要作用是向目标主机发送一个数据包,并且要求目标主机在收到数据包时给予答复,来判断网络的响应时间及本机是否与目标主机相互联通。

如果执行 ping 命令不成功,问题有可能是网线故障、网络适配器配置不正确、IP 地址不正确等。如果执行 ping 命令成功而网络仍无法使用,那么问题很可能出在网络系统的软件配置方面。

命令格式:

```
ping IP 地址或主机名 [-t] [-a] [-n count] [-l size]
```

参数含义:

```
-t:不停地向目标主机发送数据;
-a:以 IP 地址格式来显示目标主机的网络地址;
-n count:指定要 ping 多少次,具体次数由 count 来指定;
-l size:指定发送到目标主机的数据包的大小。
```

图 1.3 所示为 ping 命令的执行情况,目标是中国高校计算机大赛的网络挑战赛域名 net.c4best.cn。执行了 10 次 ping 命令,回复了 10 次,延迟为 35~38 ms;获得主机 IP 地址为 120.55.137.85。

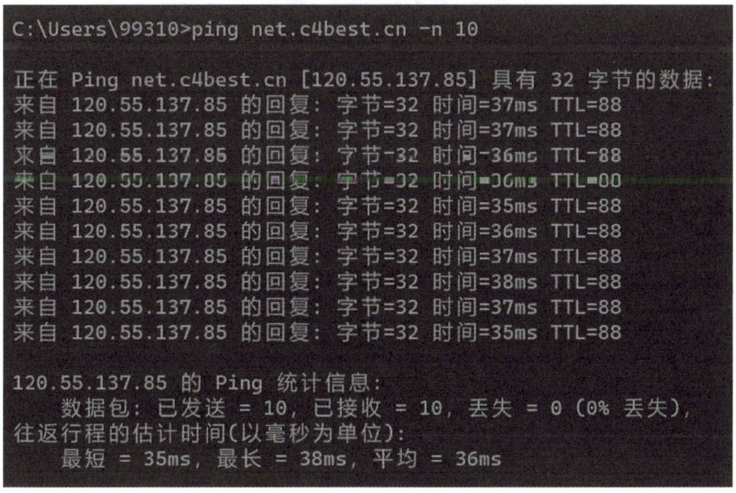

```
C:\Users\99310>ping net.c4best.cn -n 10

正在 Ping net.c4best.cn [120.55.137.85] 具有 32 字节的数据:
来自 120.55.137.85 的回复: 字节=32 时间=37ms TTL=88
来自 120.55.137.85 的回复: 字节=32 时间=37ms TTL=88
来自 120.55.137.85 的回复: 字节=32 时间=36ms TTL=88
来自 120.55.137.85 的回复: 字节=32 时间=36ms TTL=88
来自 120.55.137.85 的回复: 字节=32 时间=35ms TTL=88
来自 120.55.137.85 的回复: 字节=32 时间=36ms TTL=88
来自 120.55.137.85 的回复: 字节=32 时间=37ms TTL=88
来自 120.55.137.85 的回复: 字节=32 时间=38ms TTL=88
来自 120.55.137.85 的回复: 字节=32 时间=37ms TTL=88
来自 120.55.137.85 的回复: 字节=32 时间=35ms TTL=88

120.55.137.85 的 Ping 统计信息:
    数据包: 已发送 = 10, 已接收 = 10, 丢失 = 0 (0% 丢失),
往返行程的估计时间(以毫秒为单位):
    最短 = 35ms, 最长 = 38ms, 平均 = 36ms
```

图 1.3　ping 命令执行实例

1.2.2 tracert

使用 tracert(跟踪路由)命令可以显示数据包到达目标主机所经过的路径,并显示到达每个结点的时间。命令所获得的信息要比 ping 命令较为详细,它把数据包所走的全部路径、结点的 IP 地址以及花费的时间都显示出来。

命令格式:

```
tracert IP 地址或主机名 [-d][-h maximumhops][-j host_list] [-w timeout]
```

参数含义:

```
-d:不解析目标主机的名字;
-h maximumhops:指定搜索到目标地址的最大跳跃数;
-j host_list:按照主机列表中的地址释放源路由;
-w timeout:指定超时时间间隔,程序默认的时间单位是毫秒。
```

图 1.4 所示为该命令的执行情况,跟踪的目标主机是百度搜索网站。

```
C:\Users\99310>tracert www.baidu.com

通过最多 30 个跃点跟踪
到 www.a.shifen.com [182.61.200.6] 的路由:

  1    14 ms     8 ms     5 ms  10.10.120.2
  2     7 ms     5 ms     4 ms  222.31.151.49
  3     *        *        *     请求超时。
  4     8 ms     6 ms     6 ms  103.219.186.193
  5     7 ms     6 ms     6 ms  10.1.12.81
  6     *        *        *     请求超时。
  7    14 ms     9 ms    41 ms  172.255.2.110
  8    19 ms    12 ms     5 ms  103.216.40.30
  9     7 ms     6 ms     6 ms  182.61.255.40
 10    13 ms     8 ms     8 ms  182.61.254.181
 11     *        *        *     请求超时。
 12     *        *        *     请求超时。
 13     *        *        *     请求超时。
 14     *        *        *     请求超时。
 15     8 ms     7 ms     7 ms  182.61.200.6

跟踪完成。
```

图 1.4 tracert 命令执行实例

1.2.3 netstat

使用 netstat 命令,可以显示路由表、实际的网络连接,以及每一个网络接口设备的状态信息,一般用于检验本机各端口的网络连接情况。利用命令参数,可以显示所有协议的使用状态。另外,可以选择特定的协议并查看其具体信息,还能显示所有主机的端口号,以及当前主机的详细路由信息。

命令格式:

```
netstat [-r] [-s] [-n] [-a]
```

参数含义:

```
-r:显示本机路由表的内容;
-s:显示每个协议的使用状态(包括 TCP、UDP、IP);
```

-n：以数字表格形式显示地址和端口；

-a：显示所有主机的端口号。

执行命令 netstat -r 之后的部分信息如图 1.5 所示，显示本机 IPv4 路由表的信息。

执行命令 netstat -n 之后的部分信息如图 1.6 所示，描述的是部分活动连接中的协议、本地地址和端口、外部地址和端口以及连接状态。

```
IPv4 路由表
===========================================================================
活动路由:
网络目标        网络掩码          网关       接口   跃点数
          0.0.0.0          0.0.0.0      10.10.120.2    10.10.120.190     40
      10.10.120.0    255.255.248.0            在链路上     10.10.120.190    296
    10.10.120.190  255.255.255.255            在链路上     10.10.120.190    296
    10.10.127.255  255.255.255.255            在链路上     10.10.120.190    296
        127.0.0.0        255.0.0.0            在链路上         127.0.0.1    331
        127.0.0.1  255.255.255.255            在链路上         127.0.0.1    331
  127.255.255.255  255.255.255.255            在链路上         127.0.0.1    331
     192.168.11.0    255.255.255.0            在链路上      192.168.11.1    291
     192.168.11.1  255.255.255.255            在链路上      192.168.11.1    291
   192.168.11.255  255.255.255.255            在链路上      192.168.11.1    291
     192.168.75.0    255.255.255.0            在链路上      192.168.75.1    291
     192.168.75.1  255.255.255.255            在链路上      192.168.75.1    291
   192.168.75.255  255.255.255.255            在链路上      192.168.75.1    291
        224.0.0.0        240.0.0.0            在链路上         127.0.0.1    331
        224.0.0.0        240.0.0.0            在链路上      192.168.75.1    291
        224.0.0.0        240.0.0.0            在链路上      192.168.11.1    291
        224.0.0.0        240.0.0.0            在链路上     10.10.120.190    296
  255.255.255.255  255.255.255.255            在链路上         127.0.0.1    331
  255.255.255.255  255.255.255.255            在链路上      192.168.75.1    291
  255.255.255.255  255.255.255.255            在链路上      192.168.11.1    291
  255.255.255.255  255.255.255.255            在链路上     10.10.120.190    296
===========================================================================
```

图 1.5　netstat -r 命令执行实例

```
C:\Users\99310>netstat -n

活动连接

  协议  本地地址          外部地址        状态
  TCP    10.10.120.190:1581     101.6.6.219:80         ESTABLISHED
  TCP    10.10.120.190:1676     120.55.137.85:80       ESTABLISHED
  TCP    10.10.120.190:3047     120.55.137.85:80       ESTABLISHED
  TCP    10.10.120.190:3136     111.13.153.221:443     CLOSE_WAIT
  TCP    10.10.120.190:3142     110.43.89.215:80       CLOSE_WAIT
  TCP    10.10.120.190:3203     103.123.119.132:443    CLOSE_WAIT
  TCP    10.10.120.190:3245     101.6.6.219:80         ESTABLISHED
  TCP    10.10.120.190:6383     111.13.153.219:443     CLOSE_WAIT
  TCP    10.10.120.190:6384     111.13.153.219:443     CLOSE_WAIT
  TCP    10.10.120.190:7541     101.6.6.219:80         ESTABLISHED
  TCP    10.10.120.190:12638    101.6.6.219:80         ESTABLISHED
  TCP    10.10.120.190:12856    101.6.6.219:80         ESTABLISHED
  TCP    10.10.120.190:14142    101.6.6.219:80         ESTABLISHED
  TCP    10.10.120.190:20861    101.6.6.219:80         ESTABLISHED
  TCP    10.10.120.190:26170    101.6.6.219:80         ESTABLISHED
  TCP    10.10.120.190:29051    111.33.142.14:443      ESTABLISHED
  TCP    10.10.120.190:29241    101.6.6.219:80         ESTABLISHED
  TCP    10.10.120.190:29870    120.55.137.85:80       ESTABLISHED
  TCP    10.10.120.190:32638    120.55.137.85:80       ESTABLISHED
  TCP    10.10.120.190:34999    120.232.51.95:443      ESTABLISHED
  TCP    10.10.120.190:35075    111.32.160.79:443      CLOSE_WAIT
  TCP    10.10.120.190:35077    111.32.160.79:443      CLOSE_WAIT
  TCP    10.10.120.190:35078    111.32.160.79:443      CLOSE_WAIT
  TCP    10.10.120.190:35079    111.32.160.79:443      CLOSE_WAIT
  TCP    10.10.120.190:35085    40.99.16.226:443       ESTABLISHED
  TCP    10.10.120.190:35260    111.13.153.219:443     CLOSE_WAIT
  TCP    10.10.120.190:35297    106.116.131.135:443    CLOSE_WAIT
  TCP    10.10.120.190:35451    119.3.227.186:11112    ESTABLISHED
  TCP    10.10.120.190:35452    110.43.67.232:443      CLOSE_WAIT
  TCP    10.10.120.190:38093    101.6.6.219:80         ESTABLISHED
  TCP    10.10.120.190:38122    111.30.170.251:80      CLOSE_WAIT
  TCP    10.10.120.190:38134    110.43.89.14:80        TIME_WAIT
  TCP    10.10.120.190:38137    120.52.183.129:80      TIME_WAIT
  TCP    10.10.120.190:38139    124.236.26.167:80      ESTABLISHED
  TCP    10.10.120.190:43677    101.6.6.219:80         ESTABLISHED
  TCP    10.10.120.190:48303    101.6.6.219:80         ESTABLISHED
  TCP    10.10.120.190:49515    20.198.162.76:443      ESTABLISHED
  TCP    10.10.120.190:52970    124.70.117.40:5223     ESTABLISHED
  TCP    10.10.120.190:55703    111.31.201.236:443     CLOSE_WAIT
  TCP    10.10.120.190:55999    101.6.6.219:80         ESTABLISHED
  TCP    127.0.0.1:8588         127.0.0.1:8960         ESTABLISHED
  TCP    127.0.0.1:8588         127.0.0.1:9191         ESTABLISHED
```

图 1.6　netstat -n 命令执行实例

1.2.4 ipconfig

ipconfig 命令用于显示计算机中网络适配器的 IP 地址、子网掩码及默认网关,这些必要的信息是排除网络故障的必要元素。

总的参数说明如下(也可以在 DOS 方式下输入"ipconfig /?"进行参数查询):

ipconfig /all:显示本机 TCP/IP 配置的详细信息;

ipconfig /release:DHCP 客户端手工释放 IP 地址;

ipconfig /renew:DHCP 客户端手工向服务器刷新请求;

ipconfig /flushdns:清除本地 DNS 缓存内容;

ipconfig /displaydns:显示本地 DNS 内容;

ipconfig /registerdns:DNS 客户端手工向服务器进行注册;

ipconfig /showclassid:显示网络适配器的 DHCP 类别信息;

ipconfig /setclassid:设置网络适配器的 DHCP 类别。

图 1.7 所示为执行命令 ipconfig /all 后的部分内容。据此,可以查找本地网络连接的信息,包括已有 MAC 地址和分配的 IP 地址。

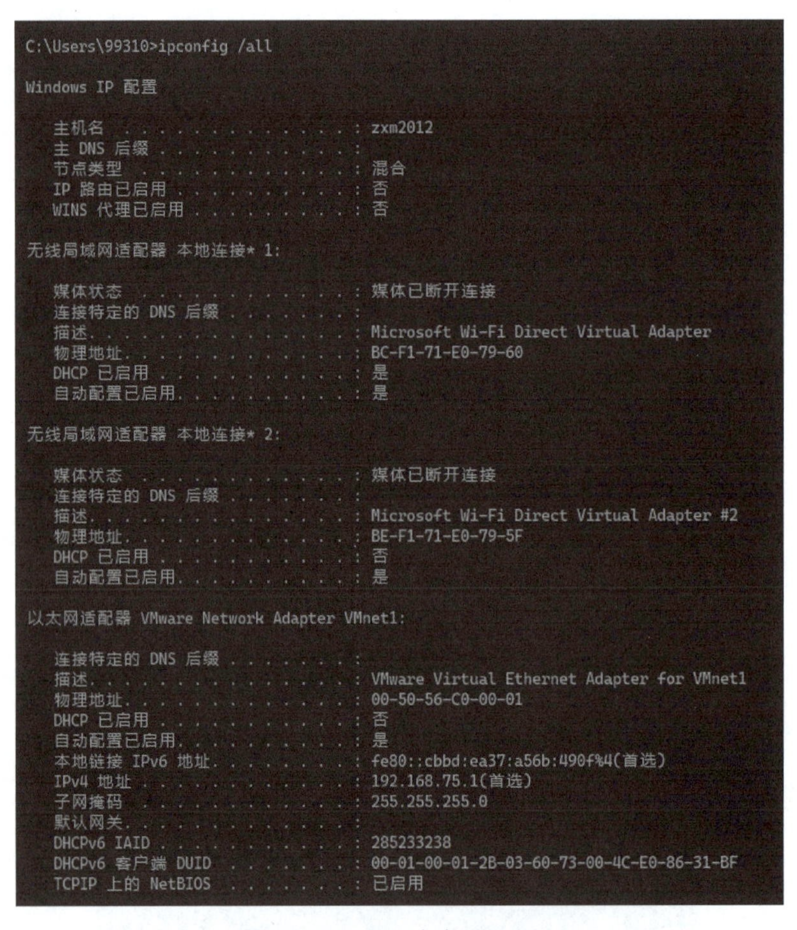

图 1.7 ipconfig 命令执行实例

1.3　网络测量概述

本节阐述网络测量的含义、研究方向、测量工具和性能指标，重点说明网络时延的计算方法和示例。

1.3.1　网络测量的含义

网络测量是指遵照一定的方法和技术，利用软件和硬件工具来测试或验证表征网络性能指标的一系列活动的总和。

网络测量是一种技术，它通过收集数据或分组的踪迹来显示和分析在不同网络应用下网络中分组的活动情况。其具体用途可分为以下几大类：网络故障诊断、网络协议排错、网络流量特征化、网络性能评价和其他用途，如发现网络恶意行为、网络病毒感染跟踪。

网络测量分类标准有多种：根据测量的方式，分为主动测量和被动测量；根据测量点的多少，分为单点测量与多点测量；根据被测量者知情与否，分为协作式测量与非协作式测量；根据测量所采用的协议，分为基于 BGP 的测量、基于 TCP/IP 的测量以及基于 SNMP 的测量；根据测量的内容，分为拓扑测量与性能测量。

主动测量是通过向网络中发送主动的探测包并观察延迟、丢包、路由变化情况来研究网络特征。其优点是具有很好的可控性，从而有利于突出人们最关心的一些描述网络业务特征的参数；其不足在于，主动测量的开销比较大，可能会改变网络性能参数。主动测量需要向网络中注入探测流量，因此会增加网络负荷，在某些情况下，甚至会对网络造成不必要的负担，影响网络性能。到目前为止，人们所做的大多数项目都涉及主动测量。典型的主动测量方法是使用 ping、traceroute/tracert 等命令。

被动测量是通过在网络中选定的结点安装数据采集器(探针)，再通过收集流经结点的网络业务流进行分析，提取业务特征，获得性能数据。被动测量经常用于测量业务量的特征。被动测量主要在一个特殊点观察网络的行为，并不向网络中发送测量探测分组，不增加和修改通过网络的数据负载，因此对网络的行为没有影响。但是，被动测量需要被测方支持以获取流经的业务流信息，从被动捕获得到的包中难以甚至不可能获得人们想要的某些信息；只能测得一些局部性参数，无法获得网络的整体性能参数和端到端性能参数，它与主动测量相比具有更多的不可控性。被动测量的典型例子是基于 tcpdump 的测量，利用 Wireshark 或 Sniffer 工具捕获数据包。其基本原理是利用在同一网段中，数据帧是以广播方式传输的，通过将本地某一主机网卡的工作方式设为混杂模式，截获流经本网段的数据包。

从测量点的数量来讲，网络测量分为单点和多点测量。在研究初期，许多工作都属于单点测量，但因为测量能力有限，搜集的信息不全面，分布式多点测量应运而生。尤其是多点主动测量，利用多个探测点得到的数据，能够综合出大规模的网络数据和单点测量所得不到的交叉路由信息。

网络拓扑测量主要是了解网络拓扑结构，用以指导资源调节和流量分配，多数项目显示的是逻辑拓扑关系图。随着测量范围的扩大，整张图的规模结构也随之扩大。这时，人们往往希望与实际地域位置相对应，也就是具有地理信息的拓扑图。

网络性能测量主要是通过监测网络端到端的时延、抖动、丢包率等特性，了解网络的可达性、利用率及网络负荷等。在性能测量方面的相关项目开展得较多,这一方面是为了对一个特定网络进行维护管理,保障服务质量;另一方面是为了预报网络性能,通过数值模型预测下一时段的TCP/IP端到端的吞吐量、延迟,主要用于广域网上的大规模计算的调度。

网络流量测量主要是对网络数据流的特性进行监测和分析,以掌握网络的流量特性,如协议的使用情况、应用的使用情况、用户的行为特征等。

1.3.2 网络测量的研究方向

1. IP 拓扑测量

其主要测量方法分为两类:基于SNMP、ICMP。前者主要通过访问MIB库进行拓扑关系的获取,由于权限的关系,其适合在具有管辖权的网络范围内测量,所以难以推广应用。后者通过Traceroute实现,可用于Internet上的大规模网络测量,但当网络上安装有防火墙软件时,则无法进行测量。

测量过程如下:首先得到网络IP地址分段,然后利用路由追踪技术得到一个数据包从源IP地址到目的IP地址所经历的所有路由器的IP地址,对某一网络的所有IP地址进行路由追踪,就会得到该网络所有的路由器的IP地址及互联关系。路由追踪技术是基于下面的原理来实现的:首先以TTL=1向目的IP地址的一个不可达端口(通常是10 000以上的端口)发一个UDP包,这个包在经过第一个路由器以后,将被路由器丢弃,同时路由器将向源主机发送一个ICMP包通知该包丢失。通过解开这个ICMP包,就可以得到该路由器的IP地址。然后,再以TTL=2向目的IP地址发UDP包。重复上面的操作,直到返回的ICMP包的类型为目的端口不可达,表明已经到达了目的主机,这样就得到从本机到目的主机所经过的路由器IP地址。目前,所有的路由器都支持这种实现方式。根据由数据搜集模块得到的路径总表,可以直接生成反映逻辑连接关系的路由IP拓扑图,结合各IP所在的地理位置,可以生成城市覆盖拓扑图。

2. AS 拓扑测量

总的来说,生成自治域AS级拓扑图的方法可归结为基于BGP路由信息的AS图、基于Traceroute的AS图以及基于某些特性采用拓扑生成器合成的AS级拓扑图三类。其中,第一种方法较为普遍,该方法有被动测量和主动测量两种测量方式可供选择。前者在关键路由结点获取BGP数据包,再采用有限状态自动机技术,对捕获的BGP update报文进行处理;后者自备一台路由器,运行BGP,通过与ISP协商,与相应的路由器建立BGP对等连接,只接收路由更新报文,不转发用户数据,这需要对等双方对相应路由器正确配置,在大量测量数据的基础上,生成AS拓扑连接图,通过AS拓扑连接图,可以直观地了解各AS连接关系,分析出哪些AS起重要作用。这不仅可以为新AS的接入提供指导,而且还可以为将来信息战中的计算机攻防提供指导依据。

3. 基于 TCP/IP 的网络性能测量与分析

为了考察网络的稳定性、可达性、可靠性及网络服务质量,需要周期性、连续测量的性能参数,包括丢包率、RTT、流量、路径的平均跳数等。在此基础上,以时间为主线分析各路径上各项指标的动态变化,以空间为主线统计分析某一时刻整个网络的整体态势,如处于不同量级时延的结点总体数量分布等,分析端到端路由变化(或跳数的路由变化)等。其他分析还包括对探测得到的数据进行数据挖掘,或者利用已有的模型(Petri网、自相似性、排队论)

研究其自相似特征。由于对网络性能测量的实时性要求较高,所以探测频率往往很高,但必须保证不要由此对网络造成较大的额外负荷,同时注意隐藏探测踪迹。

4. 网络运行态势综合分析

基于多个监测点,在不同时段收集的测量数据,生成被测网络的综合态势战略图,真正实现"决胜于千里之外"。该图除了具有不同层面属性的即时播放功能以外,还可以通过颜色标注、声音提示等进行流量异常、故障报警,为防范大规模网络攻击提供预警手段;同时,从网络攻击的角度,研究发展具有隐蔽性、高效的分布式网络侦察测量方法。另外,进行综合分析,为用户提供 QoS 指数、病态路由报告,为改正病态路由、制定网络路由策略、进行网络破坏后的网络资源自组织等提供第一手资料。

5. 测量与分析结果的可视化

网络测量与分析结果的可视化是一个关键环节。通过研究,采用图形用户界面 GUI、电子地图的任意缩放及拖动、电子地图的多层表示法、直方图、二维及三维坐标曲线、扇形图、表格、报表、二维平面图形、三维立体图形等手段,结合 GIS 技术,对态势图进行层次化、可拖动、交互式分级显示,直观、形象地表示出测量分析结果。

6. 网络行为建模、网络仿真、网络趋势预测

网络拓扑发现和测量已经成为研究网络行为学的主要方法,网络行为的测量是整个网络行为学研究的基础。网络行为的建模分析可采用排队论、Petri 网、马尔可夫链、Poisson 过程等理论。

7. 网络测量的体系结构

随着时间的推移,网络测量将不断扩展升级,所以在设计实施之初,就要充分考虑测量体系的可扩展性、可裁剪性及兼容性、容错性。

1.3.3　几款网络测量工具介绍

几款典型的网络测量工具见表 1.1。

表 1.1　网络测量工具

工具名称	所属类型	主要功能	服务性质
PingPlotter	主动测量	数据采集和延迟计算	注册
NetWorx	主动测量	流量测量	注册
Wireshark	被动测量	协议数据包分析	免费

1. PingPlotter 工具介绍

PingPlotter 是一款路由跟踪软件,它界面简单,结合了数据与图形两种表达方式,检测分析结果更为直观和易于理解。PingPlotter 是一个多线性的跟踪路由程序,它能最快地揭示当前网络出现的瓶颈与问题。例如,与 Windows 中的 TraceRT 相比,它具有信息同时反馈的速度优势。图 1.8 所示为自本地到达百度搜索的测量结果,可见,百度搜索的数据包丢失情况少,性能非常稳定。

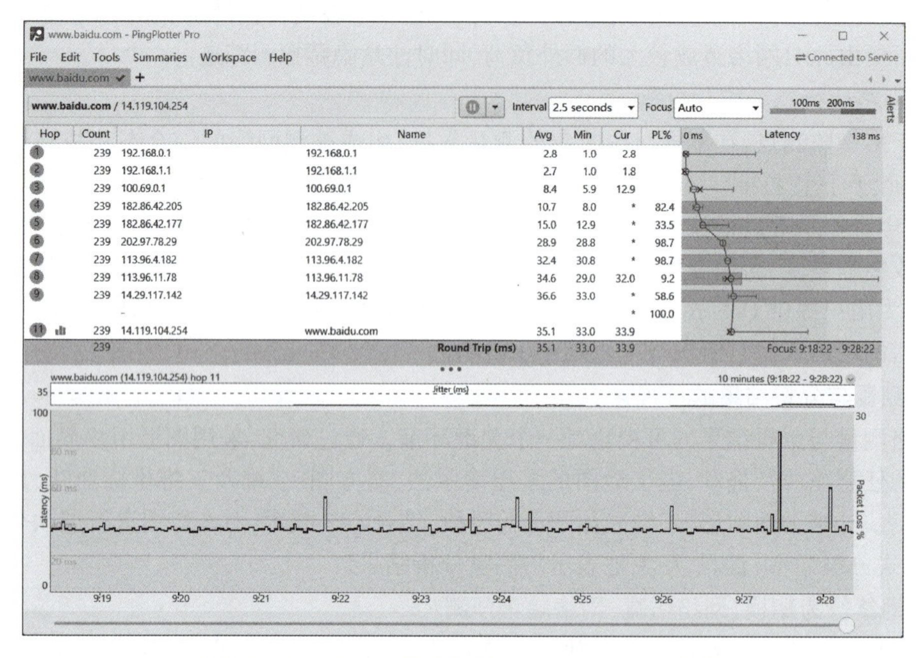

图 1.8　PingPlotter 路由跟踪 www. baidu. com 示例

2. 流量测量工具 NetWorx 介绍

NetWorx 工具功能较多,包括流量测量、流量统计、速度计算,以及主机和端口扫描、路由追踪等,同时它能够设置流量限制和导出数据。图 1.9 所示为几个典型应用界面。

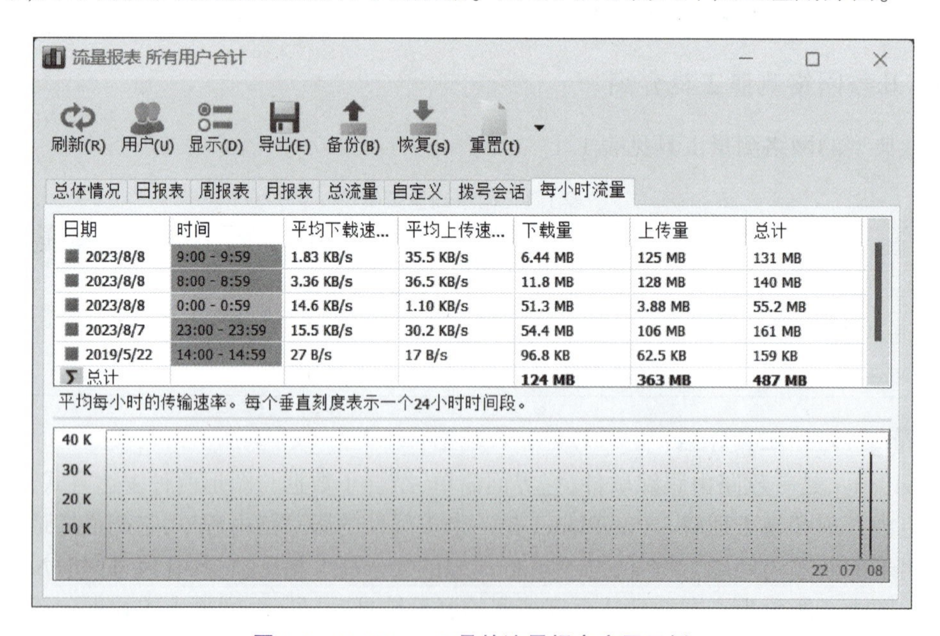

图 1.9　NetWorx 工具的流量报表应用示例

3. 网络数据抓包工具 Wireshark 介绍

Wireshark 是一款著名的网络协议分析软件,使用 WinPCAP 作为接口,直接与网卡进行数据报文交换。图 1.10 所示为 Wireshark 4.0 版本的运行主界面,针对 TCP 报文进行数据分析。

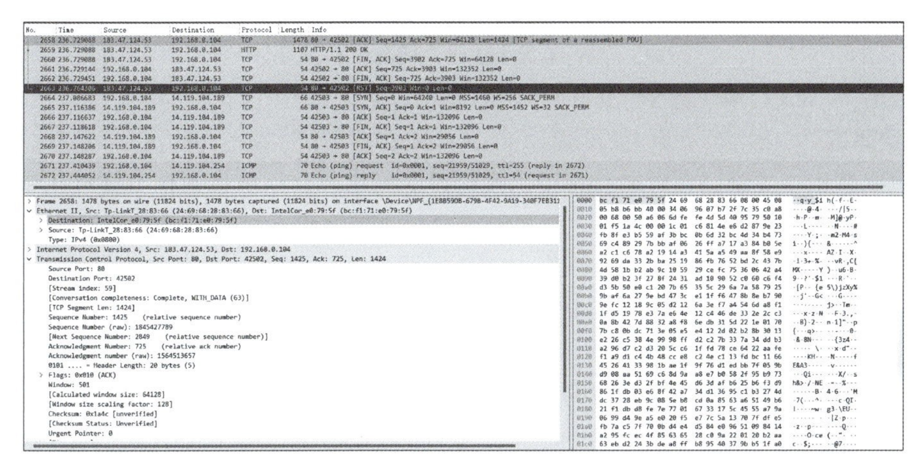

图 1.10　Wireshark 的网络抓包示例

1.4　网络测量指标和计算方法

在网络系统中,既有数据通信的通用指标,又有网络测量的专门要求。特别是在网站性能分析中,其可用性、网页安全特性等内容都有基本的要求。下面只描述常见的一些测量指标和计算方法。

1.4.1　主要测量指标

测量指标是衡量数据传输的有效性和可靠性的参数。有效性主要由数据传输速率、传输延迟、信道带宽和信道容量等指标来衡量。可靠性一般用数据传输的误码率指标来衡量。

数据传输速率是指单位时间内传输信息量的多少。它是衡量数据传输有效性的主要指标。数据传输速率通常用波特率和比特率来表示。

1. 波特率

波特率是指单位时间内传输码元的个数,单位为波特(baud)。每个码元表示一个波形或一个电平。波特率又称调制速率、码元速率。调制速率是指信号经过调制后的传输速率,表示调制后信号每秒变化的次数。若用 T(秒)表示调制周期,则波特率为

$$R_s = 1/T \quad (\text{baud}) \tag{1.1}$$

可见,1 波特表示每秒传送一个码元。

2. 比特率

比特率指单位时间内传输二进制码的位数(记为 bit/s 或 bps),也称信息速率。

比特率公式:

$$R_b = (1/T)\log_2 N \quad (\text{bit/s}) \tag{1.2}$$

式中,T 为传输的脉冲信号周期;N 为脉冲信号所有可能的状态数;R_b 为比特率。

当信号的状态数 $N=2$ 时,则每个电信号脉冲只传送 1 位二进制数据,此时比特率与波

特率相同,则为

$$R_b = 1/T \quad (\text{bit/s}) \tag{1.3}$$

由以上分析知,比特率和波特率的关系为

$$R_b = R_s \log_2 N \quad (\text{bit/s}) \tag{1.4}$$

在数值上"比特"单位等于"波特"单位的 $\log_2 N$ 倍。

3. 误码率

误码率是指二进制码在传输过程中出现错误的概率。它是衡量通信系统在正常情况下传输可靠性的指标。

误码率计算公式为

$$P_e = N_e / N \tag{1.5}$$

式中,N_e 表示被传错的码元数;N 表示传输的二进制总码元数;P_e 为误码率,即错误接收的码元数在所传输的总码元数中所占的比例。

4. 吞吐量

吞吐量是指在没有丢包的情况下,路由设备能够转发的最大速率。对网络、设备、端口、虚电路或其他设施,单位时间内成功地传送数据的数量(以比特、字节、分组等测量)。

5. 延迟

延迟又称时延,在网络层是指包的第一个比特进入路由器到最后一个比特离开路由器的时间间隔。时延在 TCP/IP 的不同层次上具有不同的定义,这将在下一节详细介绍。

6. 丢包率

丢包率是指路由器在稳定负载状态下,由于缺乏资源而不能被网络设备转发的包占所有应该被转发的包的百分比。丢包率的衡量单位是以字节为计数单位,计算被落下的包字节数占所有应该被转发的包字节数的百分比。

7. 转发率

通过标定交换机每秒能够处理的数据量来定义交换机的处理能力。交换机产品线按转发速率来进行分类。若转发速率较低,则无法支持在其所有端口之间实现全线速通信。包转发速率是指交换机每秒可以转发多少百万个数据包(Mpps),即交换机能同时转发的数据包的数量。包转发率以数据包为单位体现了交换机的交换能力。路由器的包转发率 ,也称端口吞吐量,是指路由器在某端口进行的数据包转发能力,单位通常使用 pps(包每秒)来衡量。

8. 带宽

带宽本来是指某个信号具有的频带宽度。信号的带宽是指该信号所包含的各种不同频率成分所占据的频率范围,基本单位是赫兹(Hz)。例如,在传统的通信线路上传送的电话信号的标准带宽是 3.1 kHz(从 300 Hz 到 3 400 Hz,是话音主要成分的频率范围)。

在计算机网络中,带宽用来表示网络的通信线路所能传送数据的能力,指网络可通过的最高数据率,常用的单位是 bit/s(bit per second),此时其意义等同于比特率。对于带宽的概念,比较形象的一个比喻是高速公路。

描述带宽时常常把"比特/秒"省略。例如,带宽是 1 M,实际上是 1 Mbit/s。这里的 Mbit/s 是指 1 024×1 024 bit/s,转换成字节就是(1 024×1 024)/8 = 131 072 字节/s(B/s)= 128 KB/s。

9. 流量

针对TCP/IP的不同层次，流量分类研究对象和研究目的也不相同：

①链路层的流量分析主要针对网络电缆线路的传输速率和吞吐率的变化，目的在于减少物理线路传输中的误差和提高网线的传输速度。

②网络层的流量分析关注IP报文的路由策略、延迟和丢失，目的在于按照一定的过滤规则尽可能快地存储和转发数据包，减少丢包。

③由于传输层和应用层是紧密联系在一起的，可以把这两层的流量分析放在一起研究，此时可以定义为：流量(flow)是一个对象，这个对象描绘了具有相同IP地址、端口号和协议(TCP和UDP)的包串，它是一个由源地址、源端口、目的地址、目的端口和传输层协议组成的五元组，这样一系列的IP包串就可以按这个定义组成双向的TCP流或UDP流。

1.4.2　时延计算

1. 时延的组成

链路层的时延是指一个报文或分组从链路的一端传送到另一端所需要的时间，由发送时延、传播时延和处理时延三个部分组成，如图1.11所示。

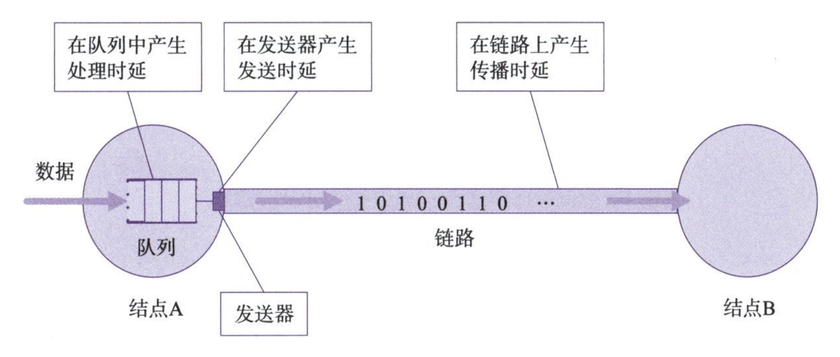

图1.11　从结点A向结点B发送数据

①发送时延。发送时延是指结点在发送数据时使数据块从结点进入到传输媒体所需要的时间，也就是从数据块的第一个比特开始发送到传输媒体算起，到最后一个比特发送完毕所需要的时间。因此，发送时延也称为传输时延，其计算公式为

$$\text{发送时延}=\frac{\text{数据块长度(bit)}}{\text{信道带宽(bit/s)}} \tag{1.6}$$

可见，发送时延与发送的数据块成正比，而与信道带宽成反比。

②传播时延。传播时延是电磁波在信道中需要传播一定的距离而花费的时间，其计算公式为

$$\text{传播时延}=\frac{\text{信道长度(m)}}{\text{电磁波在信道上的传播速率(m/s)}} \tag{1.7}$$

电磁波在自由空间的传播速率是光速，即约为3.0×10^5 km/s。电磁波在网络传输媒体中的传播速率比在自由空间要略低一些：在铜线电缆中的传播速率约为2.3×10^5 km/s，在光纤中的传播速率约为2.0×10^5 km/s。

③处理时延。处理时延是指数据在交换结点为存储转发而进行一些必要的处理所花费

的时间。处理时延的重要组成部分是分组在结点缓存队列中排队所经历的排队时延。因此,处理时延的长短通常取决于网络中当时的通信量,若通信量过大时,还会发生队列溢出,使分组丢失,这相当于处理时延为无穷大。

综上所述,数据经历的总时延可以表示为

$$总时延=发送时延+传播时延+处理时延 \tag{1.8}$$

2. 数据链路层的传输效果计算

数据链路层的帧传输过程示意图如图 1.12 所示。

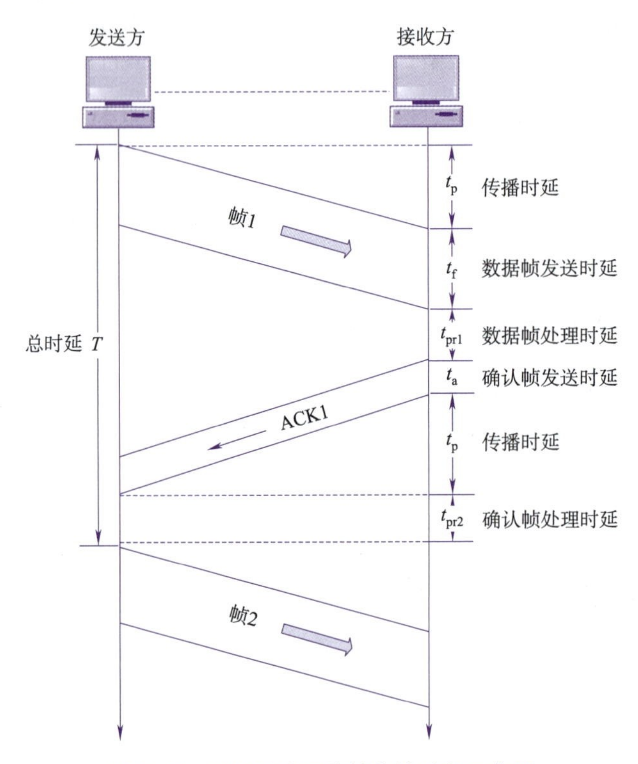

图 1.12 数据链路层的帧传输过程示意图

假设在传输过程中没有数据帧的差错发生,则总时延为

$$T=t_p+t_f+t_{pr1}+t_a+t_p+t_{pr2} \tag{1.9}$$

进一步,假设计算机对数据帧的确认帧的处理时间可以相对忽略不计。同时,由于确认帧比数据帧小得多,其传输时延也忽略,则有

$$T\approx t_f+2t_p \tag{1.10}$$

在无差错的数据链路中,数据传输效率 U 表示为

$$U=\frac{t_f}{t_f+2t_p} \tag{1.11}$$

可见,如果在一个总时延内能够连续发送多个数据帧,就会使传输效率成倍增加。

例 1.1 已知信道速率为 8 kbit/s,传播时延为 20 ms,确认帧长度和处理时间均可忽略。如果采用停等协议,请问帧长是多少才能使信道利用率至少达到 50%?

解析:

已知 $t_p=20$ ms。设帧长为 L(bit),则有 $t_f=(L/8)$ms。由式(1.11)可得

$$U=\frac{t_f}{t_f+2t_p}\geqslant 50\%$$

当 $t_f \geqslant 40$ ms 时，不等式成立。因此，帧长 $L \geqslant 320$(bit)。

3. 网络应用层的延迟说明

网络延迟可以通过 ping 值来简单描述，其值越低，表明网络速度越快。一般用以下方式定义网络延迟程度：

- 1~30 ms：极快，几乎察觉不出有延迟，玩任何游戏速度都特别顺畅；
- 31~50 ms：良好，没有明显的延迟情况；
- 51~100 ms：普通，稍有停顿；
- >100 ms：差，有卡顿、丢包并掉线现象。

1.4.3　ICMP 时间戳请求与应答

ICMP 时间戳请求允许系统向另一个系统查询当前的时间。返回的建议值是自午夜开始计算的毫秒数，协调的统一时间（coordinated universal time，UTC）。这种 ICMP 报文的好处是它提供了毫秒级的分辨率。由于返回的时间是从午夜开始计算的，因此调用者必须通过其他方法获知当时的日期。

ICMP 时间戳请求和应答报文格式如图 1.13 所示。

类型（13或14）	代码（0）	校验和
标识符		序列号
发起时间戳		
接收时间戳		
回复时间戳		

图 1.13　ICMP 时间戳请求和应答报文格式

请求端填写发起时间戳，然后发送报文。应答系统收到请求报文时填写接收时间戳，在发送应答时填写发送时间戳。但是，实际上，大多数的实现把后面两个字段都设成相同的值（提供三个字段的原因是可以让发送方分别计算发送请求的时间和发送应答的时间）。

示例：可以写一个简单程序（取名为 icmptime），给某个主机发送 ICMP 时间戳请求，并打印出返回的应答。其网络运行结果如下：

```
sun %  icmptime badi
orig = 83573336, recv = 83573330, xmit = 83573330, rtt = 2 ms
difference = -6 ms

sun %  icmptime badi
orig = 83577987, recv = 83577980, xmit = 83577980, rtt = 2 ms
difference = -7 ms
```

程序打印出 ICMP 报文中的三个时间戳：发起时间戳（orig）、接收时间戳（recv）以及发送时间戳(xmit)。可见,所有的主机把接收时间戳和发送时间戳都设成相同的值。

还能计算出往返时间(RTT),它的值是收到应答时的时间值减去发送请求时的时间值。difference 的值是接收时间戳值减去发起时间戳值。这些值之间的关系如图 1.14 所示。

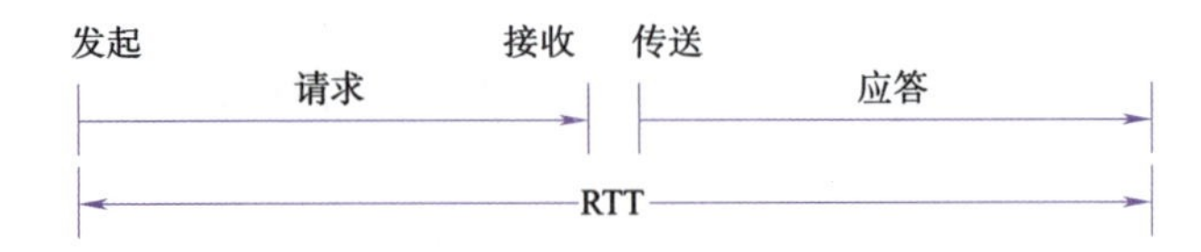

图 1.14 icmptime 程序输出的值之间的关系

如果 RTT 的一半用于请求报文的传输,另一半用于应答报文的传输,那么为了使本机时钟与查询主机的时钟一致,本机时钟需要进行调整,调整值是 difference 减去 RTT 的一半。在上例中,bsdi 的时钟比 sun 的时钟要慢 6 ms 和 7 ms。

由于时间戳的值是自午夜开始计算的毫秒数,即 UTC,因此它们的值始终小于 86 400 000 (24×60×60×1 000)。

小　结

本章从网络应用案例入手,重点阐述两个基础内容:一是操作层面的网络命令和网络工具使用,增强实战能力;二是网络性能方面的指标及其计算方法,培养研究思路。在具体的网络应用项目开发中,能够结合这两方面开展综合应用,将网络命令调用融入性能计算程序中,从而实现网络对象的实时测量和结果分析。今后为了深入,应该从主动测量和被动测量两个角度,通过对路由结点和路由表分析,对网络拓扑的生成和更新做进一步探索。

习　题

1. 练习网络命令 ping、ipconfig,探测端到端的网络通路,理解网络链接与防火墙的关系和控制方法。

2. 练习网络命令 arp,分析 IP 地址和 MAC 地址的对应关系。

3. 练习网络命令 route,跟踪路由表信息及其更新。

4. 练习网络命令 netstat,明确网络全连接的含义。

5. 练习网络命令 tracert,针对其路由跟踪过程,绘制本地到目的地之间的网络互联拓扑图。

6. 参照 1.1 节的网络拓扑图案例,围绕本人所使用的网络环境,绘制相应的网络拓扑图。

7. 综合使用主动测量和被动测量工具,进行远程网络路由跟踪测试,探索网络时延产生的主要原因和解决方案。

8. 工业网络往往涉及光纤、网闸和防火墙等技术,请通过查阅相关资料,描述一个工业网络系统架构和应用案例。

第2章 局域网络设计

局域网络使用广泛，与人们的日常工作和生活紧密关联。因此，开展局域网的设计和搭建，具有很强的实用性和复用性。在网络设计方面，既要考虑局域网的拓扑结构、网络链接方式和设备选型，又要开展IP地址划分、交换和路由配置，融入网络安全攻防理念。因此，构建一个局域网络，需要参照网络标准开展工程设计，涵盖双绞线制作、网络拓扑建模、网络场景设计和的性能测试，体现有线和无线网络的综合特点。

学习目标

(1)能够理解网络拓扑、设备和传输介质特性,探索网络架构设计方法。

(2)通过有线和无线局域网设计过程的案例学习,培养小型局域网络的应用设计能力。

2.1 局域网络配置基础

计算机网络主要由硬件系统、软件系统和网络信息组成,其功能层次如图2.1所示。

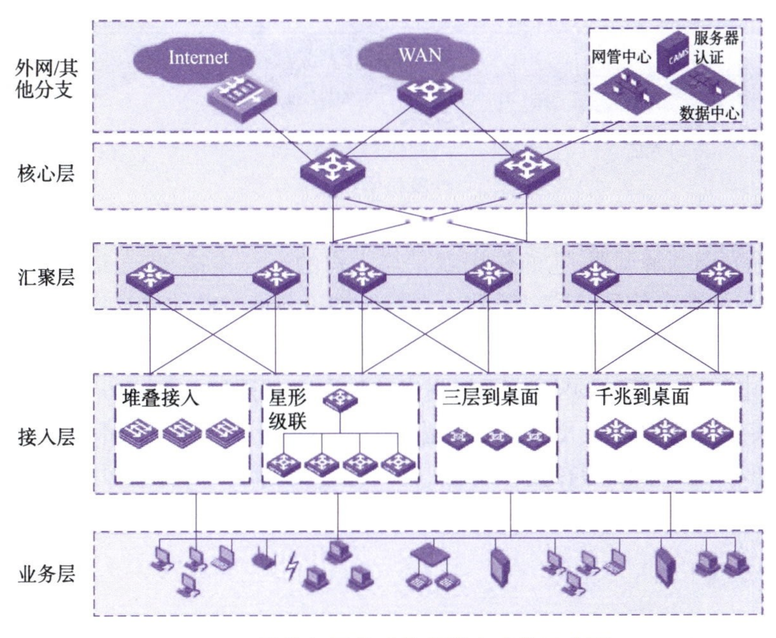

图2.1 计算机网络系统的基本功能示意图

下面对局域网设计进行重点说明。

2.1.1 局域网的拓扑结构

计算机局域网络包括总线型、星形、环形和树状四种典型结构,如图 2.2 所示。

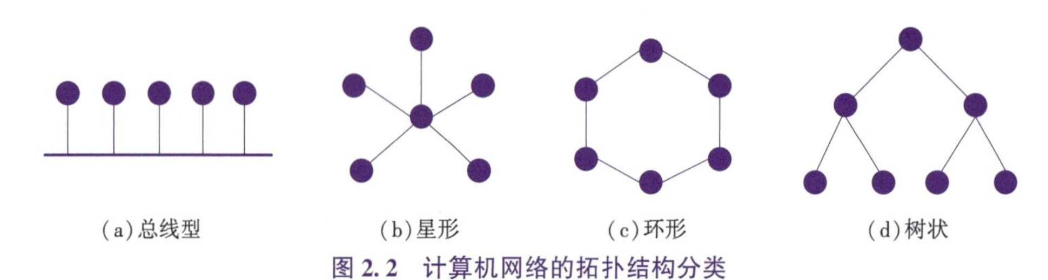

(a)总线型　(b)星形　(c)环形　(d)树状

图 2.2　计算机网络的拓扑结构分类

目前广泛采用的是双绞线为主的树状结构,以及工业场景下的光纤环网。

2.1.2 网络设备

如图 2.3 所示,以路由器和交换机为主,部分局域网下还有集线器和信号转换器。路由器兼有局域网和广域网接口,无线路由器用于局域网终端设备之间的 Wi-Fi 无线连接。

(a)8 口 LAN/WAN 路由器　(b)48 口交换机

(c)光猫　(d)无线路由器　(e)集线器

图 2.3　计算机网络设备示例

光猫,又称光调制解调器,它的作用就是与入户的光纤连接,将光信号转换成计算机及路由器可以识别的数字信号,计算机、路由器等终端设备通过它才能连接上网。

光猫与光纤收发器或光电转换器不同,光猫用于广域网,后者用于局域网。光纤收发器仅仅是实现光电转换,突破局域网内网线最大传输距离的限制。对于 5 类线,其最大传输距离是 100 m,实际有效距离会更短些;而超 5 类及其以上的双绞线,最大传输距离能达到 130 m 甚至更多。光纤收发器在实际使用中,一般是成对使用的,经常用于交换机之间的级联。而光猫除了光电信号的转换,还要实现接口协议的转换。

2.1.3 传输媒体

传输媒体也称传输介质或传输媒介,是数据传输系统中连接发送部分和接收部分的物理通路。传输媒体可分为两大类:有线的传输媒体和无线的传输媒体。在有线的传输媒体中, 电磁波沿着固体媒体(铜线或光纤)向前传播,而无线的传输媒体则是利用大气和外层空间作为传播电磁波的通路。在电信领域使用的电磁波频谱,如图 2. 4 所示。

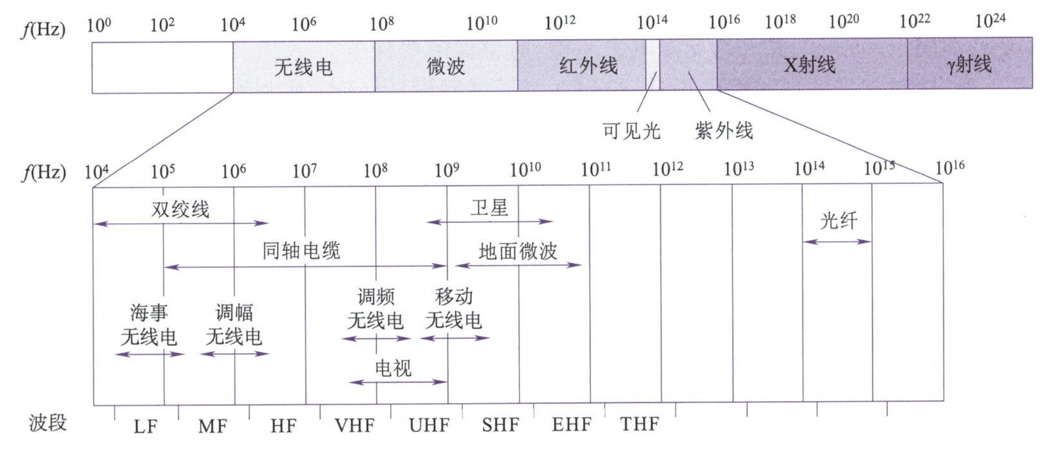

图 2. 4　电信领域使用的电磁波频谱

目前,计算机网络的主要有线传输介质是双绞线和光缆,如图 2. 5 所示。

(a)带接口的双绞线

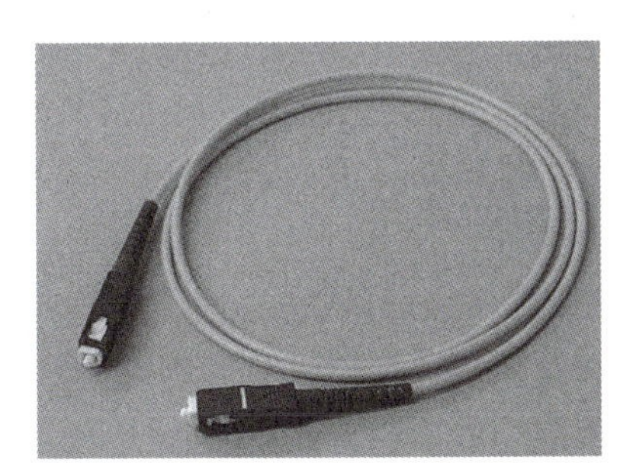

(b)带接口的光缆

图 2. 5　双绞线和光缆

无线信道分地面微波接力通信和卫星通信,其主要优点是频率高,频带范围宽,通信信道的容量大;信号所受工业干扰较小,传输质量高,通信比较稳定;不受地理环境的影响,建设投资少、见效快。缺点是地面微波接力通信在空间是直线传播,传输距离受到限制,一般只有 50 km,隐蔽性和保密性较差。卫星通信虽然通信距离远且通信费用与通信距离无关,但传播时延较大,技术较复杂,价格较贵。

目前的第五代移动通信技术(5th generation of mobile communications technology,5G),具有高速率、低时延和大连接特点,速率标准是 1. 4 Gbit/s,下行峰值速率 500 Mbit/s 及以上,最高下载速率能达到 1. 4 Gbit/s;最高上行速率约为 100 Mbit/s。相比于 4G 网络 71 Mbit/s 的均值速率实现近 20 倍的增益,满足自动驾驶、远程医疗等实时应用,将成为支撑经济社会数字化、网络化、智能化转型的关键新型基础设施。

卫星互联网也被称为空天互联网,是基于卫星通信的互联网,通过一定数量的卫星形成规模组网,从而辐射全球,构建具备实时信息处理的大卫星系统。同时,它也是一种能够完成向地面和空中终端提供宽带互联网接入等通信服务的新型网络。卫星互联网不受地理条件限制,对地面设施依赖程度较低,是对光纤互联网、移动互联网很好的补充。2023 年,中国首次在偏远地区实现低轨卫星互联网在电力通信领域的测试应用。在没有地面通信基站的情况下,利用卫星信号,也可以支撑电力巡检、应急保障等任务。

下面,针对常见的局域网络设计,给出 2 个局域网设计案例,阐述网络工程设计要点。

2.2 基于双绞线的小型局域网设计案例

本节给出一个典型设计案例,从需求描述、设计要点出发,开展网络拓扑设计和实验室布局设计,最后给出工程概算和采购设备与材料的调研,培养网络工程设计能力。

2.2.1 设计需求描述

假设有两个计算机实验室房间,需要通过若干网络设备构建一个小型局域网。每个房间最多只能放置 60 台计算机,而需要联网的计算机有 100 台(都有网卡),FTP 和 Web 服务器共两台(有内置网卡)。最远的计算机距交换机 20 m。两个房间需要共用一套刷卡系统,实现统一管理,学生登录信息将放在 Web 服务器上。

具体设计要求如下:

(1)请使用 Visio 工具,设计该局域网络拓扑结构,要求网络结构清晰,具有较好的可扩展性。

(2)请使用 Visio 工具,设计该实验室网络布局图,使其能够清晰地描述实际房间的设备和布线分布情况,使其具有利用率高、安全性好、布局合理等特点。

(3)性能价格比计算:

①上网查找和选配相应的交换机、路由器等设备,以及网线和 RJ-45 接头材料,要求提供完整截图的相应图片及其指标。

②计算下列参数:使用的交换机个数、RJ-45 接头个数。

③按照布局图测算整个实验环境所需的双绞线长度(精确到 1 m),要求给出计算过程。

④计算选购网络设备和联网材料的价格。

⑤请查找网络资料,估算该网络布线工程的其他费用。

以下给出若干设计实例,以启发学生的设计灵感。这些都是以往学生的设计结果,主要内容包括以下三方面:

(1)局域网络拓扑结构设计;

(2)实验室布局设计;

(3)网络布线工程调研。

2.2.2 局域网络拓扑设计要点

采用星形拓扑需要考虑以下方面:

1. 网络拓扑类型

采用星形模型构成的树状网络,每个交换机连接多台主机。同时,交换机之间通过交叉线实现级联方式。

2. 网络安全

在特定应用领域，需要增加防火墙、入侵检测系统、入侵防护系统，强化网络安全。对于 Web 服务，甚至还需要引入网页防篡改系统。

3. 跨网段互联

如果涉及不同网段的互联，需要增加路由器。路由器还具有数据包过滤作用，实现基本的防护功能。

4. 交换机的选择

考虑交换机的端口数、是否千兆口、是否需要光纤口、是否需要可管理功能等内容。

5. 网络地址分配

如果启用 DHCP，则 IP 地址是自动分配的。但是，本项目要采用静态分配方法，需要为每台计算机分配 IP 地址，培养学生网络地址划分的基本应用能力。默认情况下，可以选用内网地址进行分配设计，见表 2. 1。

表 2. 1　计算机网络专用地址类型和范围

IP 地址类	专用地址范围	地址总数
A	10. 0. 0. 0~10. 255. 255. 255	2^{24}
B	172. 16. 0. 0~172. 31. 255. 255	2^{20}
C	192. 168. 0. 0~192. 168. 255. 255	2^{16}

2. 2. 3　局域网络拓扑设计案例

下面给出部分小型局域网络拓扑案例，采用了不同的图标样式和网络设备构成，如图 2. 6 和图 2. 7 所示。

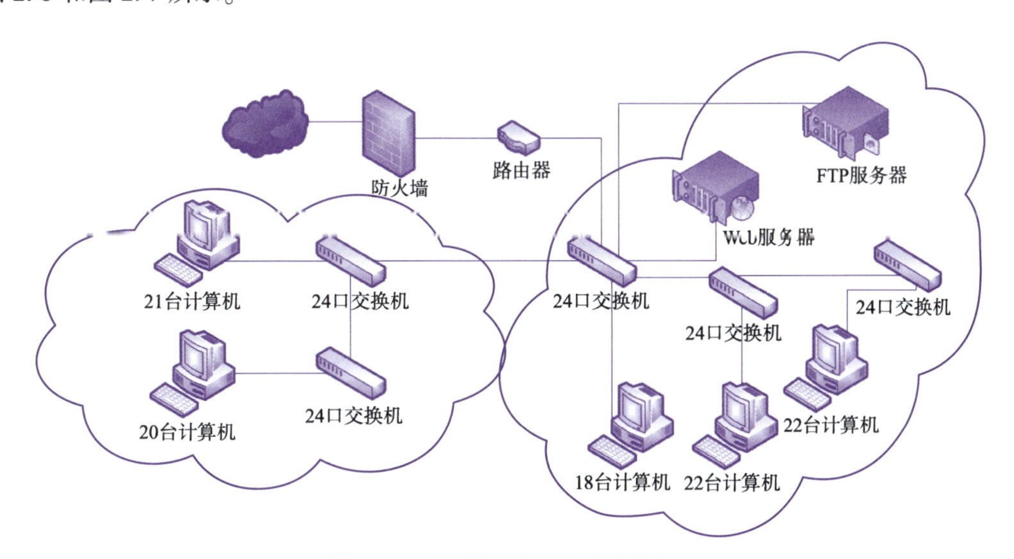

图 2. 6　局域网拓扑结构设计案例一

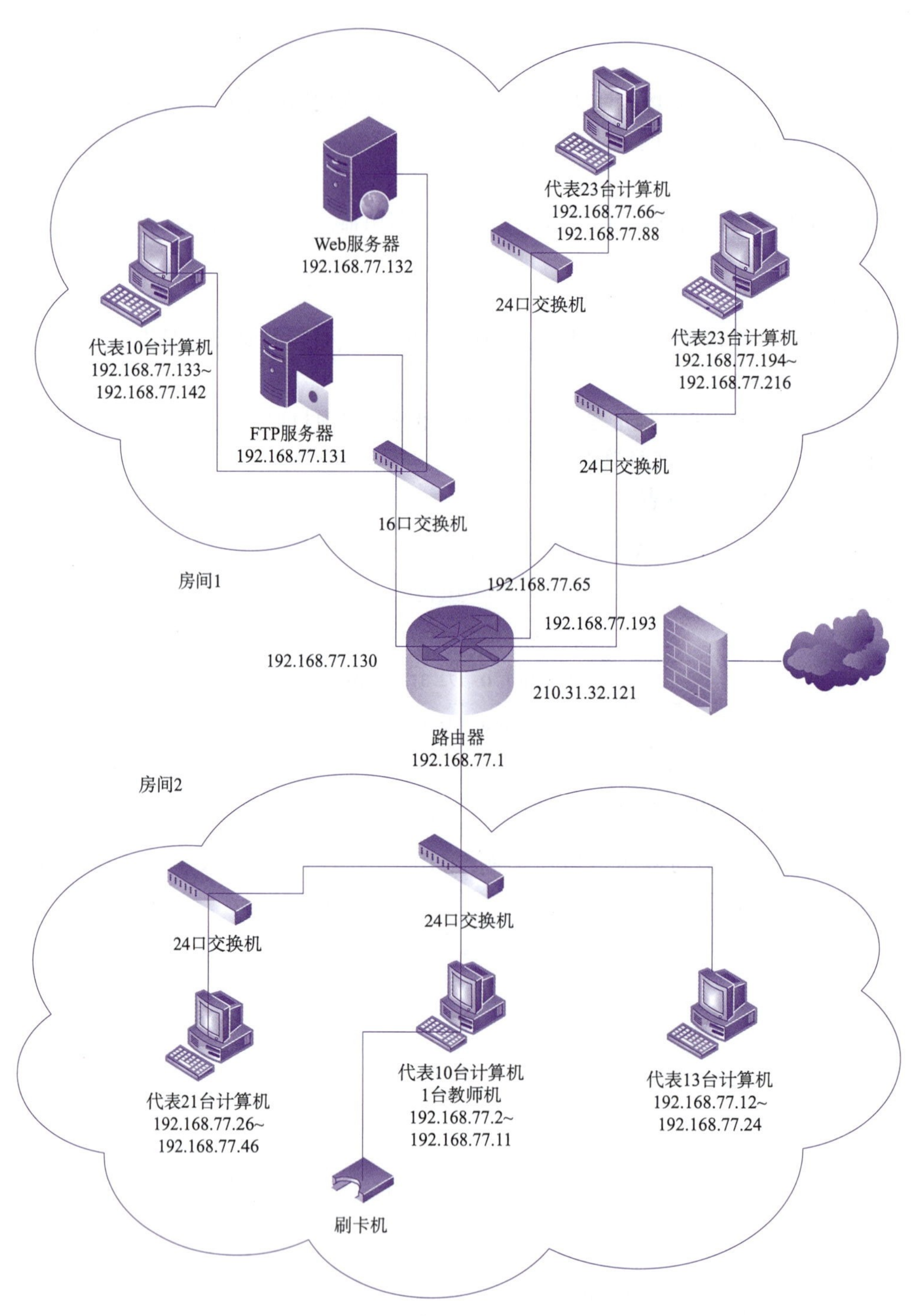

图 2.7　局域网拓扑结构设计案例二

2.2.4　实验室布局设计

基于上述的设计思路,下面给出若干实验室布局设计案例,如图 2.8~图 2.13 所示。

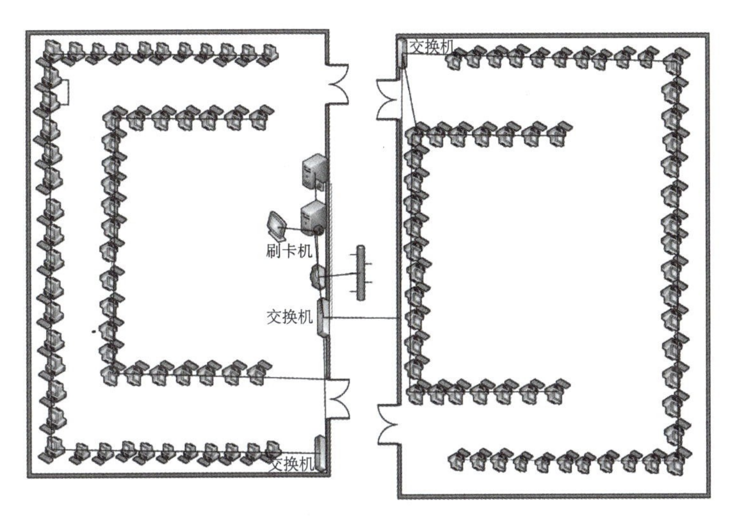

图2.8　实验室布局设计案例一

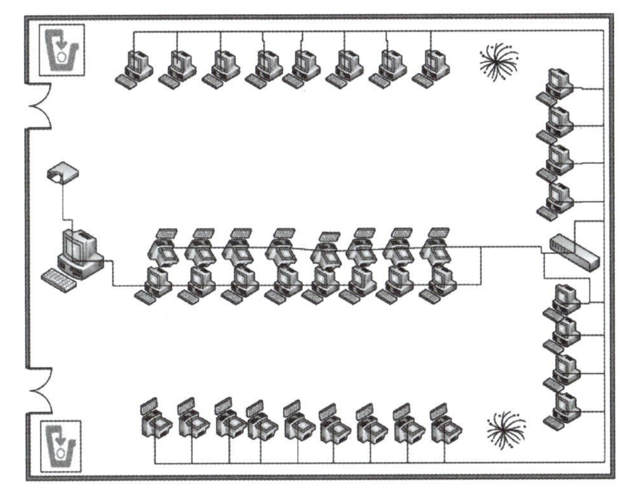

图2.9　实验室布局设计案例二

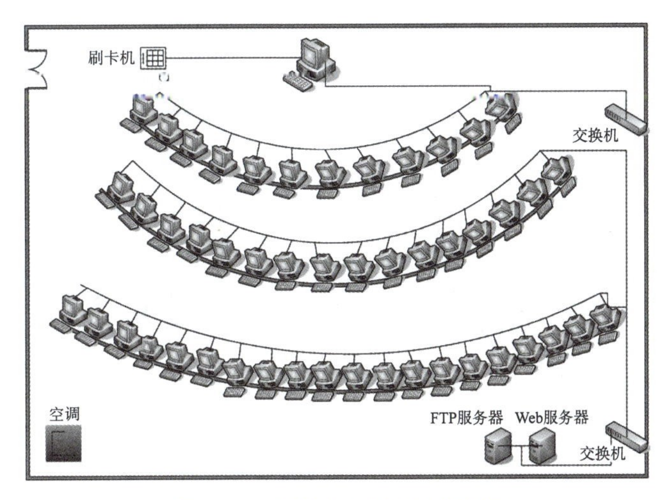

图2.10　实验室布局设计案例三

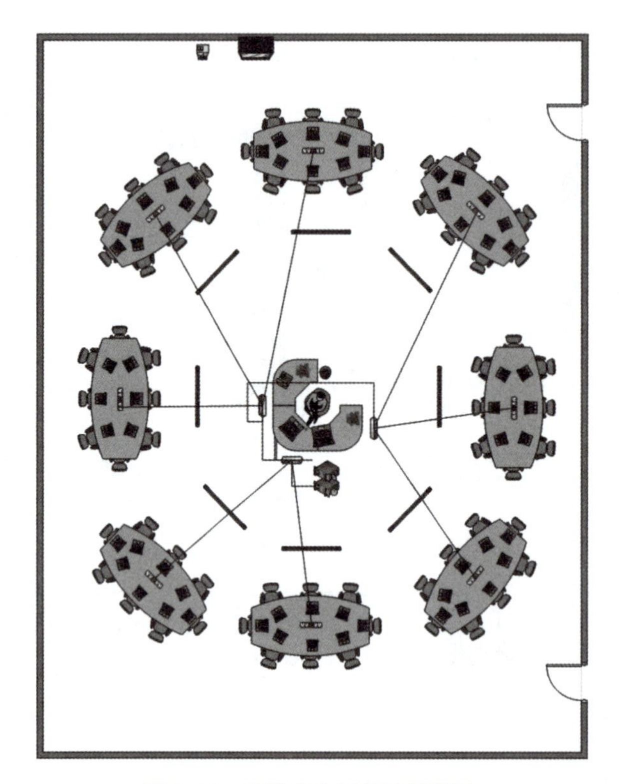

图 2.11 实验室布局设计案例四

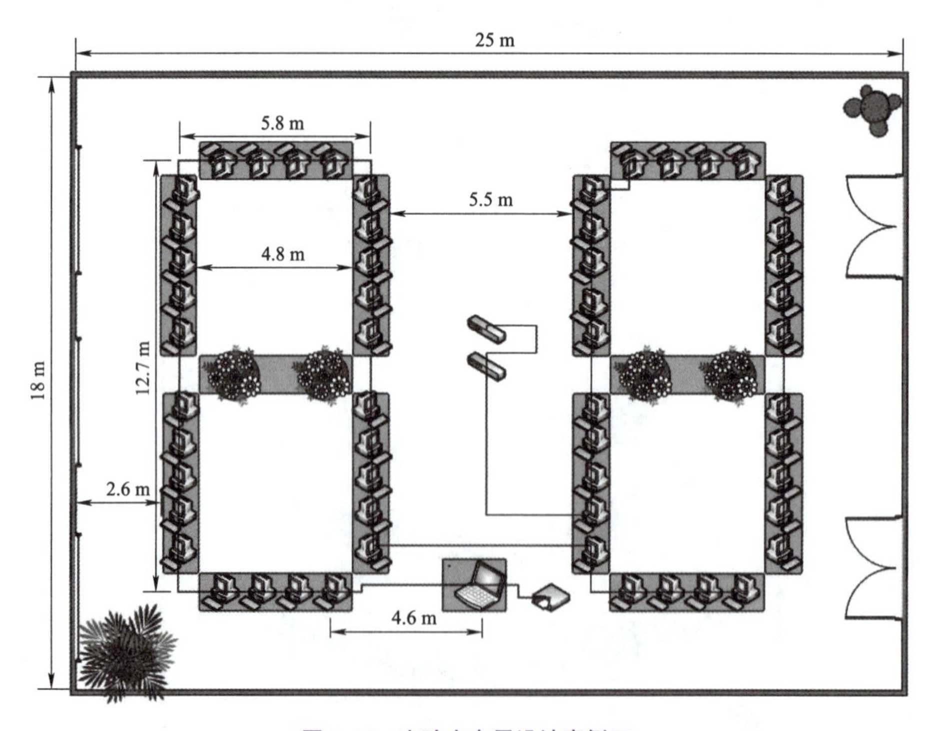

图 2.12 实验室布局设计案例五

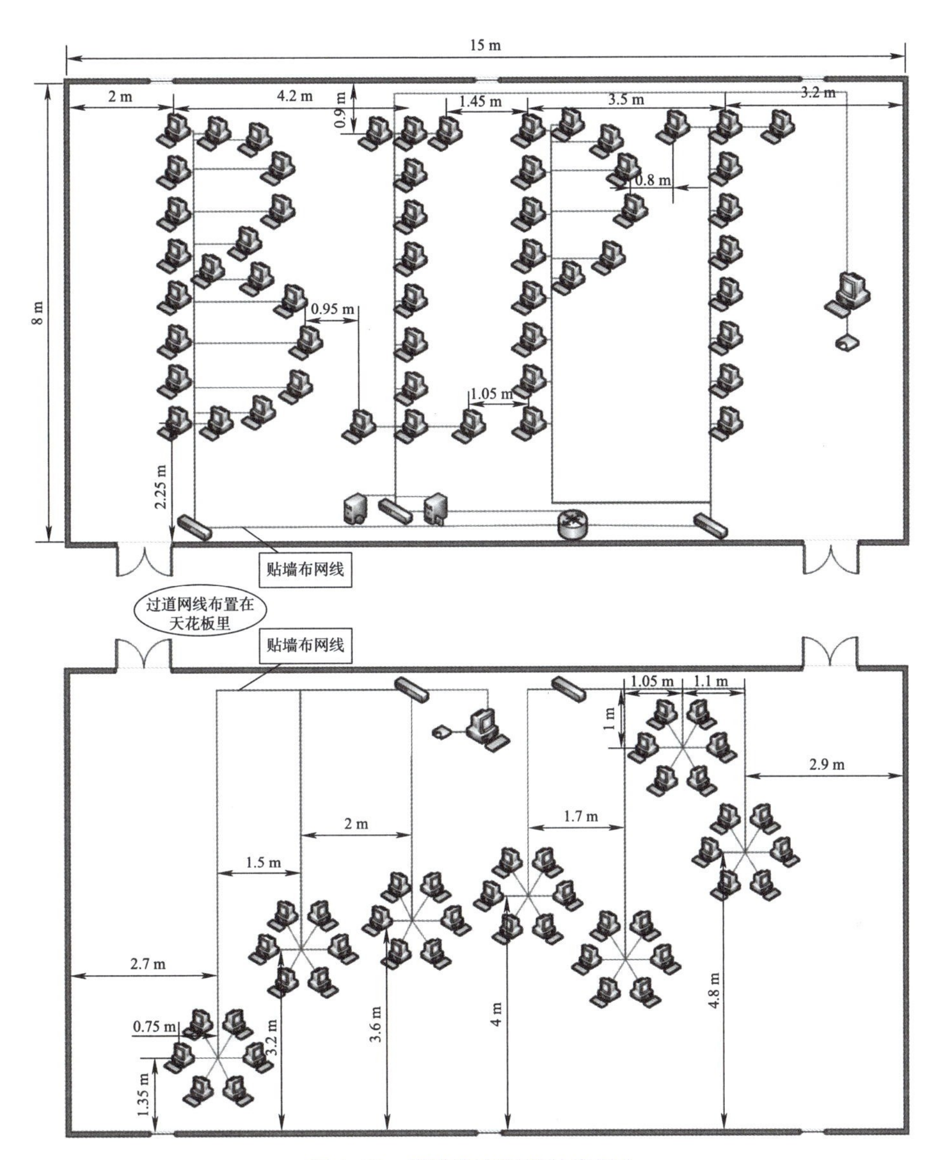

图 2.13　实验室布局设计案例六

2.2.5　网络工程概算案例

网络工程的直接费用包括设备材料购置费用、人工费用、辅助材料费、仪器工具费及其他费用。这里介绍网络设备材料费用，一般包括购买构成网络工程实体结构所需的材料、设备、软件等原料的费用和运输费用。

材料名目常见的有：非屏蔽超 5 类双绞线、信息插座与面板、配线架、机柜、PVC 槽、RJ-45 接头、U 形夹、托架等。如果采用光纤传输，还需要购置光纤、ST 头和耦合器、光纤接线盒、光纤跳线、光纤制作配件等。

为了便于学生开展实际概算，应组织学生通过互联网进行网络设备材料费的调研，要求给出具体设备名称、型号、数量、参数和单价。在安排学生设计时，还应要求有具体的网络链接和关键图片，便于快速核查调研质量。

下面给出具体调研示例见表 2.2，并做简单说明。

表 2.2 基于互联网的网络设备材料选购

名　称	型　　号	数量	参　　数	单价/元（仅供参考）	图　　片
交换机	华为 S5735S-L24T4S-A1	1 台	28 口	1 999	
交换机	华为 S1730S-S48T4S-A	2 台	48 口	3 416	
路由器	H3C ER5200G2	1 台	内置防火墙	2 184	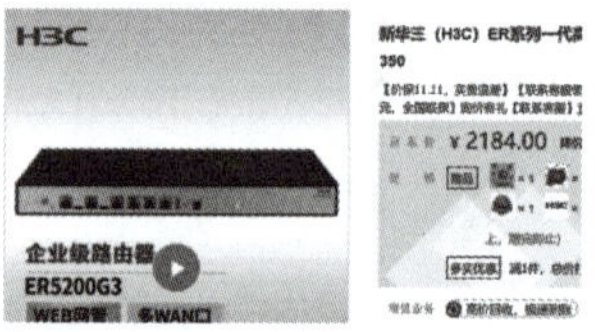
双绞线	超五类高速网线	6	超五类 300 m/箱	350	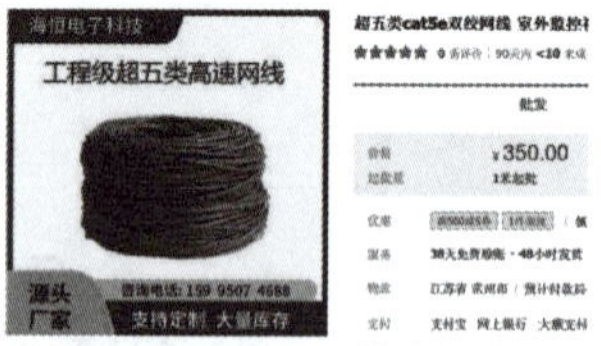
水晶头	Lianky-Cable/线博士水晶头	2	RJ-45 网络水晶头 8 芯，100 个/盒	12	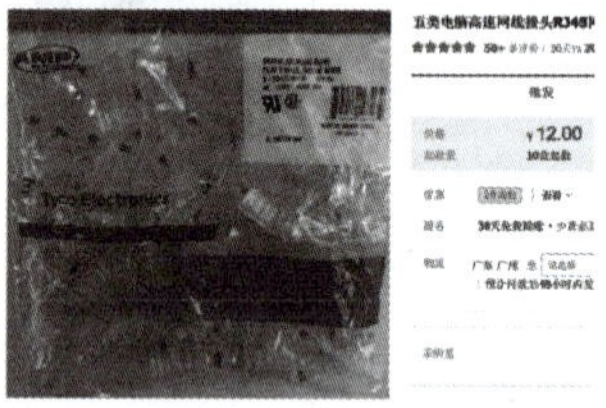

1. 交换机

选择一款 28 端口的交换机，即华为 S5735S-L24T4S-A1，背板带宽达到了 336 Gbit/s，性能好，价格在同产品内也是较为合适的。

48 端口的交换机在市面上种类丰富，方便我们选择。经过多平台的多方比对，选择了华为 S1730S-S48T4S-A 交换机。

2. 路由器

路由器的选择更为多样，要保证其是内置防火墙的路由器，要考虑到作为企业级路由器的性能，还要考虑到价格。最终选择了 H3C ER5200G2 路由器。

3. 水晶头和双绞线

水晶头和双绞线的选择比较简单，因是室内实验室使用，所以选择了评价较多、评分较高、同时有着多买优惠策略的店铺。最终选择了 8 芯超五类双绞线和 RJ-45 网络水晶头。经过计算，至少需要 1 560 m。因此，需要购买 6 箱网线。

通过互联网上的设备材料调研分析，能够增强网络工程项目的预算能力，更好地达到“通过网络学网络”的目标。

2.3　无线局域网配置

无线局域网在日常的生活和工作中随处可见，其配置比较简单，但在网络安全、性能评测优化和网络扩展方面，一直是配置的重点和难点。要学会使用和正确配置无线网络设备，形成架设小型无线局域网的能力，具有无线网络安全防护意识和技能。

下面给出具体的配置实验示例。

2.3.1　实验准备

（1）以小组方式开展实验，4~5 人一组，每组学生至少准备好 3 部手机，以便参加无线连接实验过程。

（2）提前准备一种数据处理工具，如 SPSS、Excel 或 MATLAB，画出趋势图和拟合图。

（3）无线网破解环境：BackTrack3 工具、spoonwep2 破解工具、大容量空白 U 盘（2 GB 以上）。

2.3.2　基本配置

（1）配置无线路由器：按照配置手册，通过计算机配置好无线路由器，要求设置密码。注意设置的网络地址采用内网地址，计算机和手机的 IP 地址都需要在相同网段上。

（2）安装无线网卡或配置手机，确保能够连接到本组的无线路由器上。

（3）检查联网密码的安全性。

2.3.3　连通强度测试与计算

1. 实验要求

利用本组学生至少 3 部手机，分别测试手机到本组无线路由器之间不同距离和连通强度的关系，每个手机至少要记录 5 个水平距离，直到信号强度为零。在条件允许的情况下，可以记录垂直距离方向的强度变化。

通过记录的多组数据，画出趋势图和平均变化图，进一步利用拟合方法求得拟合曲线和方程。

2. 实验设备

学生小组的测试设备，包括无线路由器和学生各自的手机。

3. 测试与数据分析

可以采用以下两种测量方式：

（1）采用以 dBm 为单位进行测量。

dBm 是一个表示功率绝对值的值,表示分贝毫伏,或者分贝毫瓦。这个值越大,表示信号越好,如-70 dBm 信号比-90 dBm 好。

根据测量距离和强度关系,绘制折线图和拟合图,如图 2.14 所示。

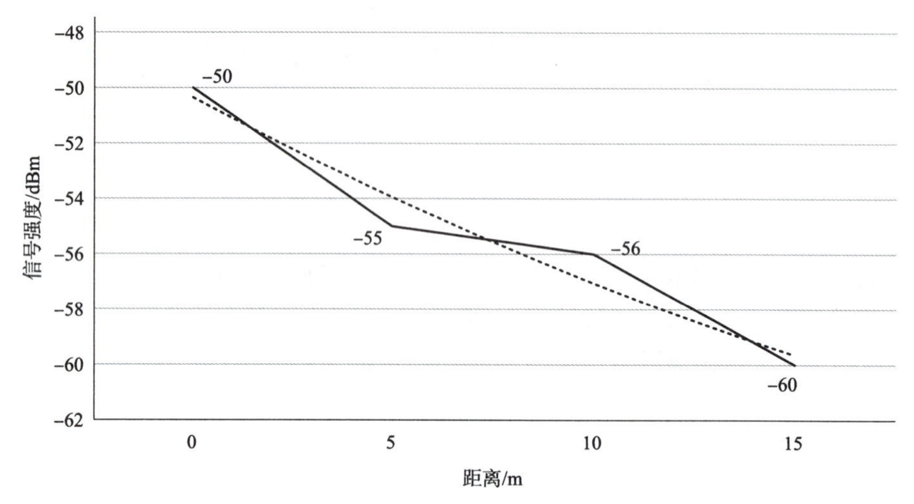

图 2.14　测试距离与信号强度的关系拟合图

(2)以 WLAN 信号的格数进行测量。

通过记录的至少三组数据,画出趋势图和平均变化图。进一步,利用拟合方法求得拟合曲线和方程。其平均值与线性拟合情况如图 2.15 所示。有了这种拟合关系,就能够开展无线局域网信号的强度预测。

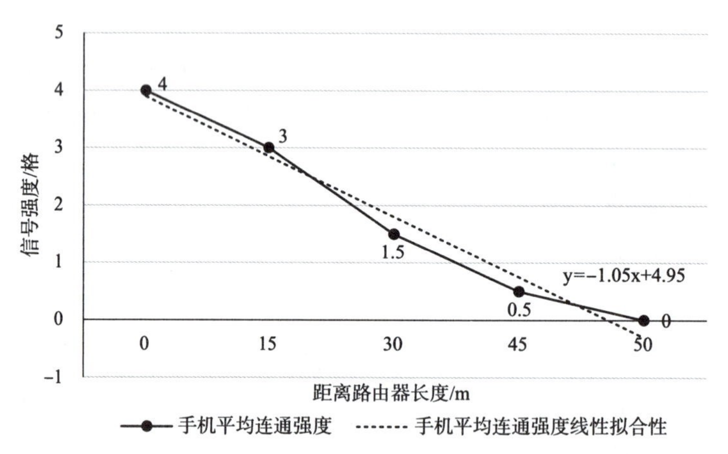

图 2.15　手机到路由器之间水平方向距离和平均连通强度的关系

2.3.4　无线网扩展方法

无线信号是通过电磁波在空中传输的,路由器和终端(如手机、笔记本计算机等)之间的障碍物会对信号传输造成很大衰减,比如承重墙、隔墙、挡板、家具等,穿过的障碍物越多,信号越弱。因此,需要考虑无线网扩展方法。

(1)使用无线路由器的桥接功能。

WDS(wireless distribution system,无线分布系统)可让基站与基站间得以沟通。WDS 可

当无线网络的中继器,且可多台基站对一台。在家庭应用方面,WDS 的功能是充当无线网络的中继器,通过在无线路由器上开启 WDS 功能,让其可以延伸扩展无线信号,从而覆盖更广更大的范围。因此,WDS 就是可以让无线 AP 或者无线路由器之间通过无线进行桥接(中继),而在中继的过程中并不影响其无线设备覆盖效果的功能。

例如,配置一台无线路由器作为副路由器,开启 WDS 无线桥接功能,桥接原有的主路由器。其连接如图 2.16 所示。

图 2.16　采用 WDS 的无线桥接方法

(2)使用网线连接多台路由器。

使用网线将多个路由器连接起来,其中连接宽带的路由器作为主路由器,其他的作为副路由器。主副路由器之间通过各自的 LAN 口连接起来,此时副路由器相当于无线交换机,如图 2.17 所示。

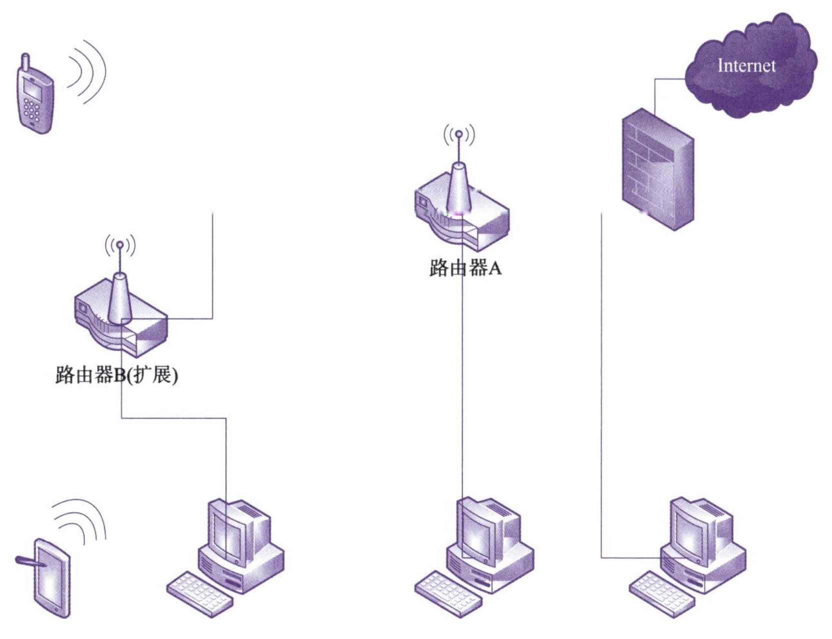

图 2.17　使用网线直连无线路由器

该方案要求各个路由器之间通过网线连接起来,组成稳定的扩展型网络。方案最大的优势就是稳定性好,无线带机量是所有路由器的总和,可以接入成倍与单台路由器的终端数量。通过配置,可以实现整个网络只有一个无线信号,实现自动漫游。

(3)使用 HyFi 套装组建全覆盖无线网络。

HyFi 是由 HyFi 路由器和 HyFi 扩展器两部分组成,两者通过电线传输数据。配置好路由器后会将无线设置自动推送到扩展器,这样就组成了只有一个信号的无线网络,如图 2.18 所示。

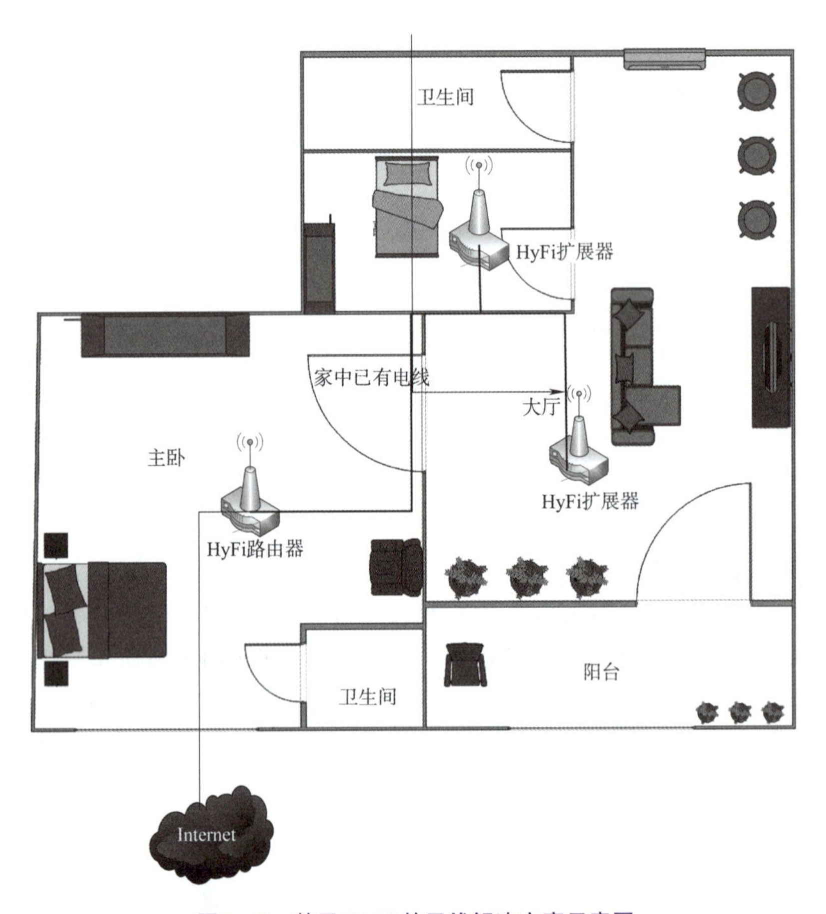

图 2.18 基于 HyFi 的无线解决方案示意图

HyFi 无线解决方案是目前最好的无线解决方案,通过电线传输无须布线,传输速度快、稳定性好。无线配置简单,只需要配置路由器,扩展器的信号就会跟着变。该方案扩展性很好,可以根据实际需要最大增加至七个扩展器。外观美观、简洁。该方案成本相对较高,需要替换之前的路由器。

(4)使用无线扩展器扩展放大无线信号。

该方案是目前小型环境无线扩展的主流方案,只需要在信号偏弱处的附近电源插座上插一个扩展器,不需要连接网线。因为是信号放大器,所以默认是把原来的信号放大,家里的信号还是只有一个,手机、Pad 会连接质量较好的信号。

该方案成本低,扩展性好,设置简单,可以根据实际需要添加数量。但不宜过多,同一个路由器下挂载的扩展器不建议超过五个。

2.3.5　基于 WDS 的无线网络扩展配置案例

在设置无线桥接的时候,把原来上网的路由器称为主路由器,把桥接的路由器称为副路由器。在桥接的时候,请确保主路由器是可以正常上网的。主路由器与副路由器通过无线 WDS 桥接,无线终端可连接副路由器上网,移动过程中自动切换,实现漫游。

下面给出配置中的若干重要操作。

(1)设置主路由器密码,如图 2.19 所示。

图 2.19　设置主路由器密码

(2)设置参数,如图 2.20 所示。

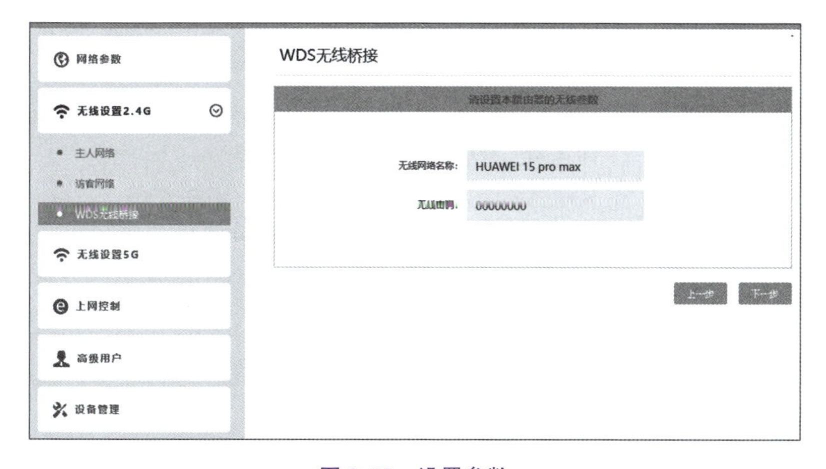

图 2.20　设置参数

(3)设置本路由器 LAN 口的 IP 地址,如图 2.21 所示。

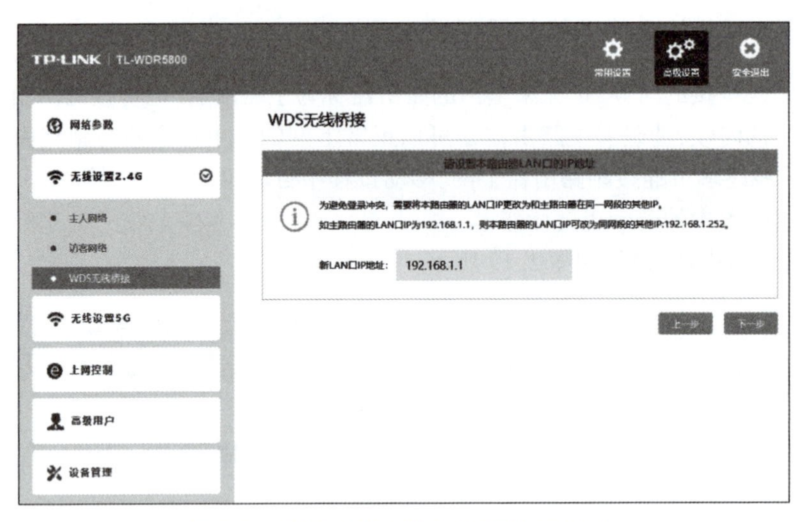

图 2.21　设置主路由器 LAN 口的 IP 地址

(4)WDS 无线桥接的组网信息,如图 2.22 所示。

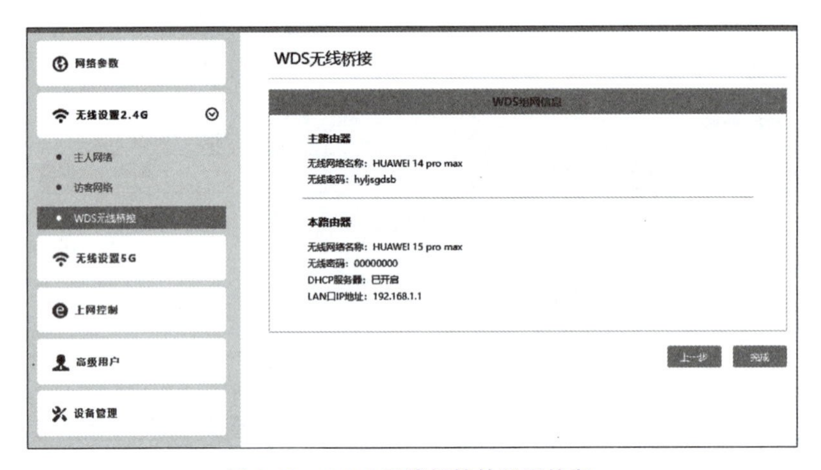

图 2.22　WDS 无线桥接的组网信息

WDS 桥接完成后,扩大了无线局域网范围,实现无线设备通过与副路由器的连接,从而能够与外网相连。

小　结

本章从网络工程实战出发,在局域网系统的基本组成基础上,重点阐述了 2 个典型实验案例:一是基于双绞线的小型局域网设计案例,从网络拓扑设计、实验室布局设计、网络工程概算、网络建设设备与材料调研等,满足网络工程设计的真实需求;二是无线局域网架设案例,围绕无线路由器的配置和桥接任务,实现网络通信数据测试分析和无线网扩展功能,展示了学生的实验过程和设计效果。这 2 个案例对网络工程设计具有很好的参考作用。

习　题

1. 假设有 1 个 A 类、1 个 B 类、2 个 C 类网络，每类各连有 1 台主机，要求采用专用网络地址。2 个 C 类网络用交换机相连构成局域网后，通过路由器 R1 进入外网。其他网络也是通过路由器 R1 相连并进入外网。具体任务：

(1) 请绘制该网络拓扑图，网络符号选择采用环形或总线型，路由器用柱状饼图表示，交换机和主机采用方框表示，外网用云朵表示。

(2) 为路由器配置 IP 地址；

(3) 为每个网络分配 1 个网络地址；

(4) 为每个主机分配有效的 IP 地址。

2. 按照双绞线线序标准，学会制作交叉线，并测试计算机之间的连通情况。

3. 按照双绞线线序标准，学会制作直通线，并测试计算机和交换机的连接情况和传输效果。

4. 参照 2.2 节的内容，结合本单位的需要，自行设计一个小型局域网络，要求给出设计思路、网络拓扑结构和具体的布局图。同时，从网络工程的角度，估算网线长度（精确到米）。

5. 基于上述局域网设计结果，通过互联网查找网络设备、网线、水晶头和网络制作工具等的价格、图样和关键参数，并给出合理的采购方案。

6. 以智能家居为例，通过 1 台无线路由器和至少 3 部手机，设计一个小型的无线局域网络系统。要求绘制网络拓扑图，按专用网络配置路由器和手机的 IP 地址、子网掩码。

7. 无人机蜂群协作，带来了许多精彩的展演。请分析其关键技术和设计要点。

8. 有一个农村示范基地的蔬菜大棚需要远程监控，大棚内的温度、湿度、光照分布了几十个数据采集点，大棚采光的开闭可控制，大棚外景有视频监控点。假设这样的大棚有 10 个，管理者想通过手机远程监测这些大棚参数，且能够控制大棚的采光。请给出一个合理的系统设计方案。

第3章 网络协议抓包分析

网络抓包分析属于网络测量中的一种被动测量方式，在网络工程项目调试和网络攻防测试中比较普遍。在远程监控系统的测试任务中，往往需要通过协议抓包或网络调试助手工具，来及时排查故障，发现网络数据问题。因此，在网络工程实验中，要指导学生专门开展网络协议抓包分析；在网络编程实践中，能够借助网络助手工具，利用传输层的TCP和UDP，来检测网络发送或接收效果，从而检查相应网络程序的漏洞。

学习目标

(1)通过网络抓包的层次分析,深入理解网络协议的报文格式和传输要求。

(2)掌握 Wireshark 工具的具体使用方法,并在网络探测、端口扫描、FTP 服务等应用中灵活应用。

3.1　数据包捕获基础

首先介绍数据包的嗅探原理,然后利用协议分析工具 Wireshark,进行数据包捕获和过滤设置分析。

3.1.1　数据包嗅探器原理

要深入理解网络协议,需要观察它们的工作过程,即观察两个协议实体之间交换的报文序列,探究协议操作的细节,使协议实体执行某些动作,观察这些动作及其影响。这种观察可以在仿真环境下或在因特网真实网络环境中完成。这种工具称为数据包嗅探器,其捕获原理如图 3.1 所示。

图 3.1 所示的右边是计算机上正常运行的协议和应用程序(如 Web 浏览器和 FTP 客户端)。数据包嗅探器(虚线框中的部分)主要由两部分组成:第一是分组捕获器,其功能是捕获计算机发送和接收的每一个链路层帧的复制;第二个组成部分是分组分析器,其作用是分析并显示协议报文所有字段的内容。

网卡具有以下几种工作模式:

(1)广播模式(broad cast model):它的目的 MAC 地址为 0xFFFFFFFFFFFF,是广播帧。

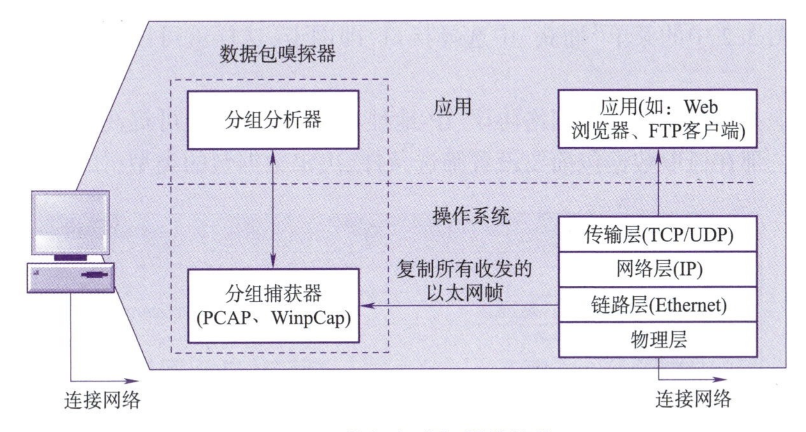

图 3.1　数据包嗅探器的结构

工作在广播模式的网卡接收广播帧。

(2)多播模式(multi cast model):多播传送地址作为目的物理地址的帧可以被组内的其他主机同时接收,而组外主机接收不到。但是,如果将网卡设置为多播传送模式,它可以接收所有的多播传送帧,而不论它是不是组内成员。

(3)直接模式(direct model):工作在直接模式下的网卡只接收目的地址是自己 MAC 地址的帧。

(4)混杂模式(promiscuous model):工作在混杂模式下的网卡接收所有流过网卡的帧,协议包捕获程序就是在这种模式下运行的。

3.1.2　Wireshark 工具介绍

Wireshark 是一种可以运行在 Windows、UNIX 和 Linux 等操作系统上的数据包嗅探器,属于开源免费软件。Wireshark 是一个图形化的网络嗅探器,它依赖 PCAP 库。因此在安装之前首先安装 WinPCAP,然后再按照默认值安装 Wireshark。

Wireshark 可以到官网下载。

Wireshark 4.0 的初始界面如图 3.2 所示。

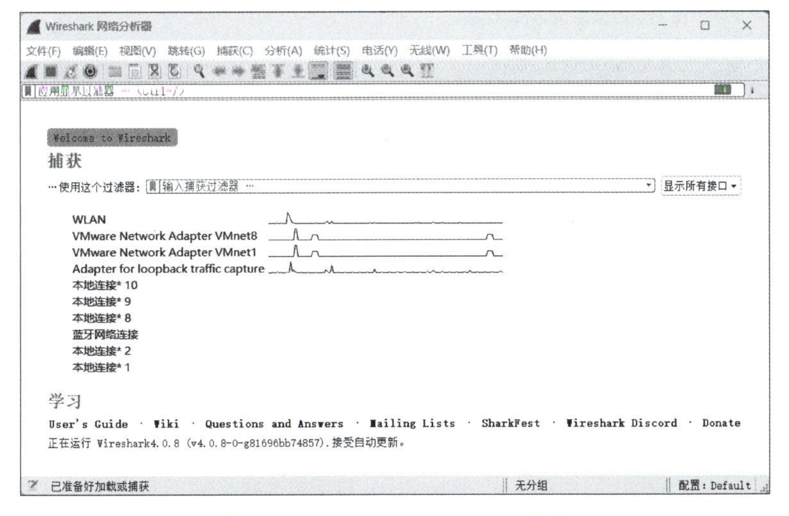

图 3.2　Wireshark 4.0 的初始界面

首先，在图 3.2 中的菜单“捕获”中选择接口，即网卡，这样就可以捕获与外网连接的网络数据包。

其次，考虑是否设置特定的网络协议、IP 地址或端口，如此便可提高准确率。如果要捕获特定的报文，那在抓取数据包前要设置筛选条件，决定数据包的类型，如图 3.3 所示。

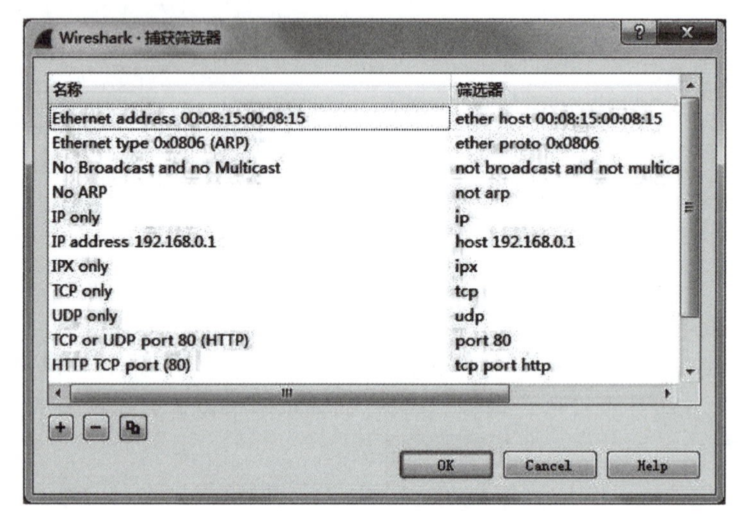

图 3.3　Wireshark 捕获筛选器设置

以图 3.3 为例进行说明，一些功能的筛选规则如下：

(1) host 192.168.0.1：表示捕获 IP 地址为 192.168.0.1 网络设备通信的所有报文；

(2) port 80：表示捕获网络 Web 浏览的所有报文。

对于捕获后的数据包，其显示结果也专门有筛选器，如图 3.4 所示。

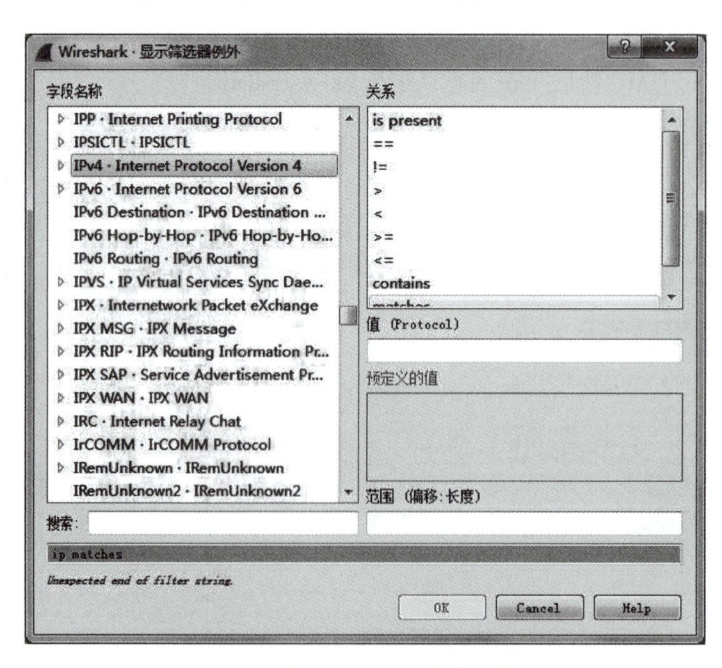

图 3.4　Wireshark 显示筛选器

常用的显示筛选规则有：

(1)操作符。

```
eq, ==      Equal
ne, !=      Not Equal
gt, >       Greater Than
lt, <       Less Than
ge, >=      Greater than or Equal to
le, <=      Less than or Equal to
```

举例：

```
Udp.port == 10002
sip.Method == INVITE
```

(2)搜索操作。

```
contains   协议,包,包含指定内容
matches    Perl 标准表达式
```

举例：

sip contains INVITE:将列出所有 SIP 包中含有 INVITE 字符的包;

wsp.user_agent matches "(? i)cldc":查找 wsp.user_agent 中含有 cldc 字符的包,并且不区分大小写。(? option)这个表达式是 PERL 表达式。

(3)常见关键词。

```
frame
ip
eth
udp
tcp
http
```

举例：

framc .pkt_lcn > 100:数据长度大于 100 的包

ip.src == 192.168.214.12:源地址是 192.168.214.12

ip.dst ==www.tdpress.com:目标地址是 www.tdpress.com 的包

ip.addr == 129.111.0.0/16:地址范围在 129.111.*.* 子网的包,类似 capture filter 的 host

http.request.method == "HEAD":在 HTTP 包中查找 request 命令含 HEAD 的包

http.request.method == "\x48EAD":和上面的一样,只是使用 \x48 来表示'H'

(4)数组操作。

```
[i:j]     i = 起点, j = 长度
[i-j]     i = 起点, j = 终点,包含
[i]       i = 起点,长度 1
[:j]      起点等于 0,长度= j
```

```
[i:]      起点 = i,至最后
```

举例:

```
eth.src[0:3] == 00:00:83:以太网地址的前 3 位
http.content_type[0:4] == "text":content_type 的前四位
frame[-4:4] == 0.1.2.3:    起点为负表示终点-4,长度为 4 位,就是末四位
```

(5)逻辑操作。

```
and, &&  Logical AND
or,  ||  Logical OR
not, !   Logical NOT
```

(6)位操作。

```
bitwise_and, &      Bitwise AND
```

举例:

```
tcp.flags & 0x02:过滤所有的 TCP SYN 包
```

在捕获分组列表中,是按行显示已被捕获的分组内容,其中包括分组序号、捕获时间、源地址和目的地址、协议类型、协议信息说明。单击某一列的列名,可以使分组列表按指定列排序。其中,协议类型是发送或接收分组的最高层协议的类型。如图 3.5 所示,设置了显示过滤规则:ip.src_host==210.31.36.62,则捕获的分组列表中仅显示源地址为 210.31.36.62 的信息。

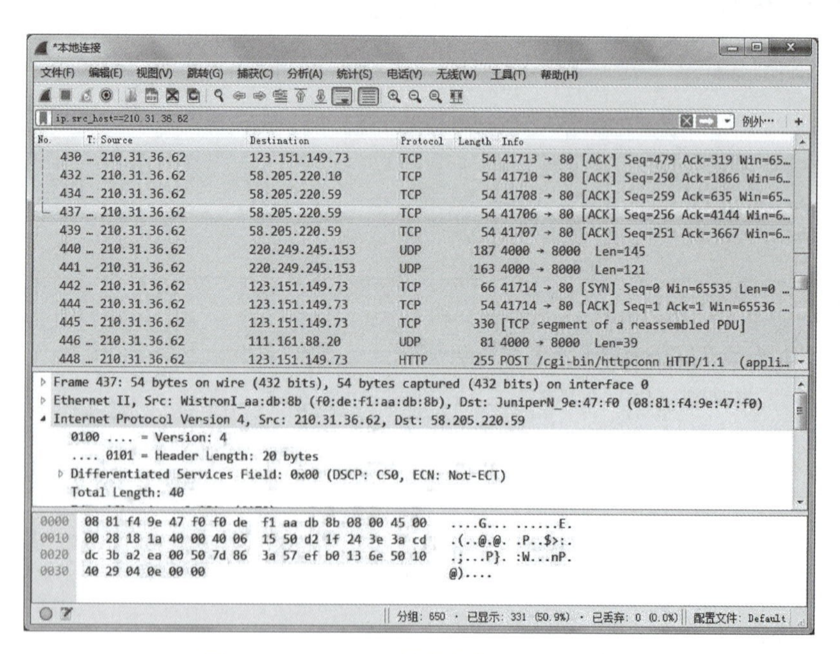

图 3.5 Wireshark 捕获包的显示过滤情况

在分组首部明细中,显示捕获分组列表窗口中被选中分组的首部详细信息,包括该分组的各个层次的首部信息。需要查看哪层信息,双击对应层次或单击该层最前面的"+"即可。

在分组内容窗口中,则是分别以十六进制(左)和 ASCII 码(右)两种格式显示被捕获帧的完整内容。

3.2　数据包捕获实验项目描述

本节从实验入手,描述了数据包捕获中的常见实验项目和要求。

3.2.1　实验目的

基于网络协议分析工具 Wireshark,通过多种网络应用的实际操作,学习和掌握不同网络协议数据包的分析方法,提高对 TCP/IP 的分析能力和网络攻防技能。

3.2.2　实验准备

(1)两人一组,分组实验;

(2)熟悉 ping、tracert 等命令,学习 FTP、HTTP、SMTP 和 POP3 协议;

(3)在官网上下载和安装 Wireshark 的最新版本,并了解其功能和使用方法;

(4)下载并安装任一种端口扫描工具;

(5)安装 FTP 客户端工具,便于抓取 FTP 客户的登录、下载和退出过程。

3.2.3　实验内容、要求和步骤

(1)学习 Wireshark 工具的基本操作。

学习捕获选项的设置和使用,如考虑源主机和目的主机,则正确设置 Capture Filter;捕获后设置 Display Filter。

(2)ping 命令的数据包捕获分析。

ping 命令是基于 ICMP 而工作的,发送 4 个包,正常返回 4 个包。以主机“210.31.40.41”为例,主要实验步骤如下:

①设置“捕获过滤”:在 Capture Filter 中填写“host 210.31.40.41”;

②开始抓包;

③在 DOS 下执行 ping 命令;

④停止抓包;

⑤设置“显示过滤”:IP.Addr=210.31.40.41;

⑥选择某数据包,重点分析其协议部分,特别是协议首部内容,点开所有带“+”号的内容;

⑦针对重要内容截屏,并解析协议字段中的内容,一并写入 Word 文档中。

(3)tracert 命令数据捕获。

观察路由跳步过程。自行选择校外的两个目标主机,比如:www.sohu.com、www.baidu.com。

(4)端口扫描数据捕获与分析。

①各组自行下载和安装某个端口扫描工具,比如 NMAP、SUPERSCAN、ScanPort、SSPORT、TCPVIEW。

②扫描对方的主机,获得开放的端口号。捕获其所有相关信息和协议内容。

显示过滤举例:

```
tcp.port=139
Portmap.prot
```

③关闭某一开放的端口,重新扫描,观察捕获效果。

(5)FTP 包捕获与分析

登录 FTP 服务器(如 ftp. scene. org、ftp. cc. ac. cn),重点捕获其 3 个关键过程:

①FTP 服务器的登录。

捕获 USER 和 PWD 的内容,分析 FTP、TCP、IP 的首部信息。FTP 服务器的端口号为 21,用于控制连接。

②FTP 文件的下载过程。

要求分别下载三个大小不同的文件(小于 1 MB、1~10 MB、10 MB 以上),观察 FTP、TCP 和 IP 中的数据分片过程。

③FTP 服务的退出过程。

分析 FTP、TCP、IP 的不同内容。

④HTTP 包的捕获与分析。

登录国内外的一些门户网站,将主页浏览过程捕获下来,分析其 HTTP、TCP、UDP、IP 的内容。注意 TCP 中的端口号。

⑤EMAIL 协议包的捕获与分析。

登录校内外的邮件系统,捕获自己的登录信息,重点分析其 SMTP、POP3 协议的内容。注意其端口号分别是 25 和 110。

⑥保存捕获的数据。

捕获的数据分别是 TEXT 文件和 XML 文件。

3.2.4 实验思考与分析

(1)在 FTP 服务中,FTP 数据长度为什么是 1 460 字节?

(2)如何捕获 FTP 服务的结束数据包?

(3)在端口扫描中,对应的协议有 TCP 和 UDP,那么应该如何查找某端口对应的服务类型?

(4)当不指定 IP 地址时,为什么有的邻近主机捕获不到?

(5)执行 ping 命令时,为什么会捕获 ARP 的数据包?

3.3 Wireshark 工具应用案例

本节以 3.2 节为实验要求,阐述一个完整的实验案例。

3.3.1 ping 命令的数据包捕获分析

ping 命令使用 ICMP,一共发送了 4 个包,返回 4 个包。分析其中的一个包,可以看到其类型长度为 8,数据长度为 32 B,校验和为 0x4d5a,目的地址为 192. 168. 1. 6,源地址为 192. 168. 155. 45,如图 3. 6 所示。

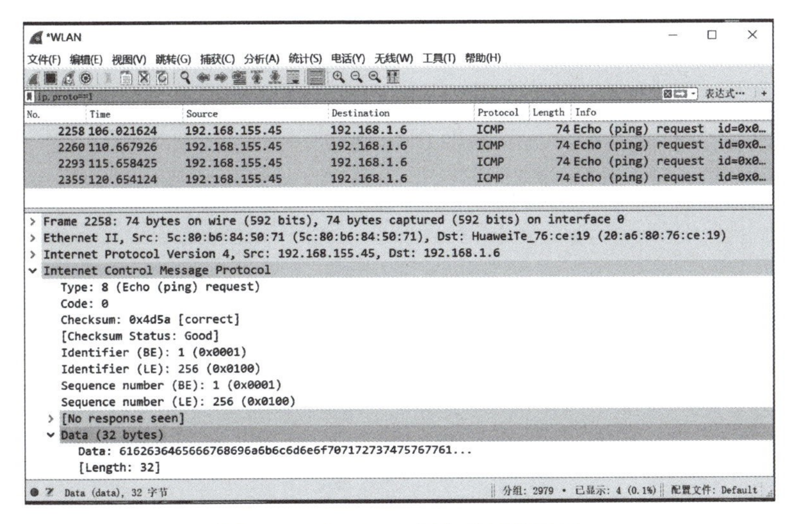

图 3.6　Wireshark 抓包的过滤显示

主要实验步骤为:

(1)开始抓包。

(2)在 DOS 下执行 ping 命令。

(3)停止抓包。

(4)设置“显示过滤”:设置 IP. Proto = = 1(1 表示 ICMP),能够准确抓取 4 个请求包和 4 个回应包,合计 8 个包。

可见,在 ICMP 中,类型为 8,属于请求报文。

3.3.2　tracert 命令数据捕获

tracert 是路由跟踪实用程序,用于确定 IP 数据报访问目标所采取的路径。tracert 命令用 IP 生存时间 (TTL) 字段和 ICMP 错误消息来确定从一个主机到网络上其他主机的路由。它是通过向目标发送不同 IP 生存时间(TTL)值的“互联网控制报文协议(ICMP)”回应数据包,tracert 诊断程序确定到目标所采取的路由。要求路径上的每个路由器在转发数据包之前至少将数据包上的 TTL 递减 1。当数据包上的 TTL 减为 0 时,路由器应该将“ICMP 已超时”的消息发回源系统。

tracert 先发送 TTL 为 1 的回应数据包,并在随后的每次发送过程将 TTL 递增 1,直到目标响应或 TTL 达到最大值,从而确定路由。tracert 通过检查中间路由器发回的“ICMP 已超时”的消息确定路由。某些路由器不经询问直接丢弃 TTL 过期的数据包。

(1)校园网路由跟踪。

如图 3.7 所示,在 DOS 下执行 tracert 操作。

```
C:\Documents and Settings\Administrator>tracert 210.31.32.1

Tracing route to 210.31.32.1 over a maximum of 30 hops

  1    <1 ms    <1 ms    <1 ms  222.31.140.1
  2     *        *        *     Request timed out.
  3     *        *       2 ms   210.31.32.1

Trace complete.
```

图 3.7　校园网路由跟踪 tracert

对应该命令操作，其网络抓包结果如图 3.8 所示。

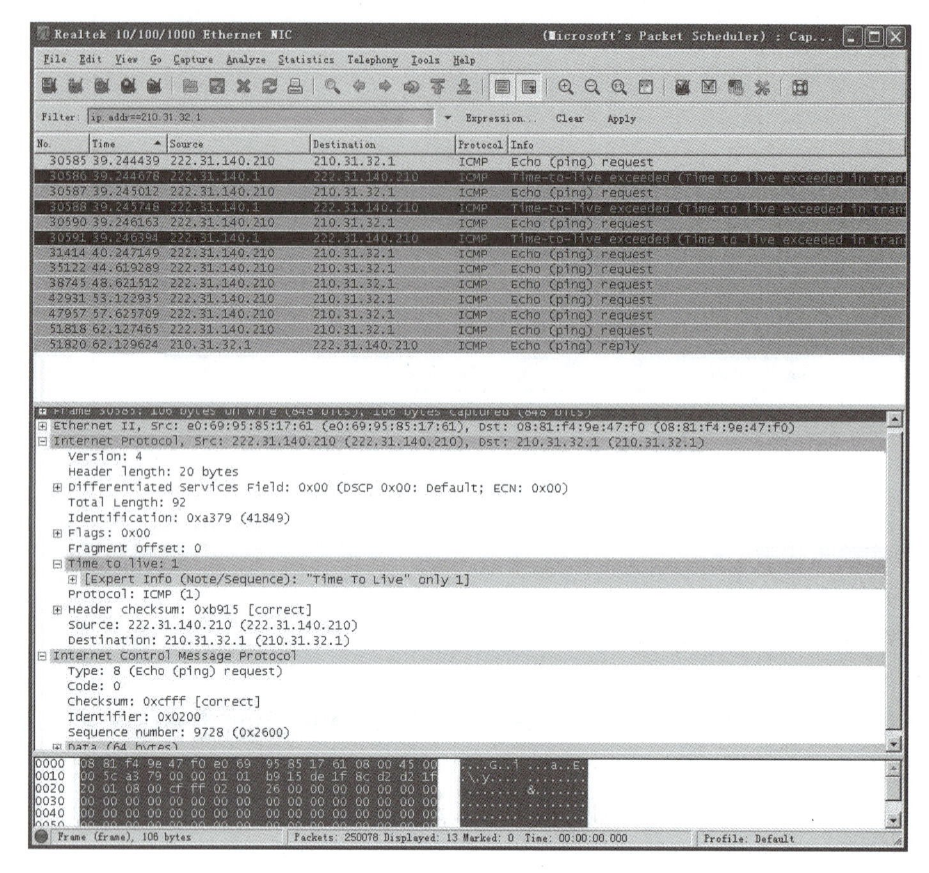

图 3.8　校园网的路由跟踪数据分析

(2)广域网路由跟踪。

如图 3.9 所示，以百度网站为例进行说明。

```
C:\Documents and Settings\Administrator>tracert www.baidu.com

Tracing route to www.a.shifen.com [119.75.218.77]
over a maximum of 30 hops:

  1    <1 ms    <1 ms    <1 ms  222.31.140.1
  2     *        *        *     Request timed out.
  3     2 ms     2 ms     1 ms  124.126.245.137
  4     6 ms     3 ms     3 ms  253.234.120.106.static.bjtelecom.net [106.120.23
4.253]
  5     5 ms     *        4 ms  70.1.142.219.broad.bj.bj.dynamic.163data.com.cn
[219.142.1.70]
  6     *        5 ms     *     220.181.0.217
  7     2 ms     2 ms     2 ms  220.181.17.114
  8     *        *        *     Request timed out.
  9     1 ms     1 ms     1 ms  119.75.218.77

Trace complete.
```

图 3.9　广域网路由跟踪 tracert

其数据捕获情况如图 3.10 所示。

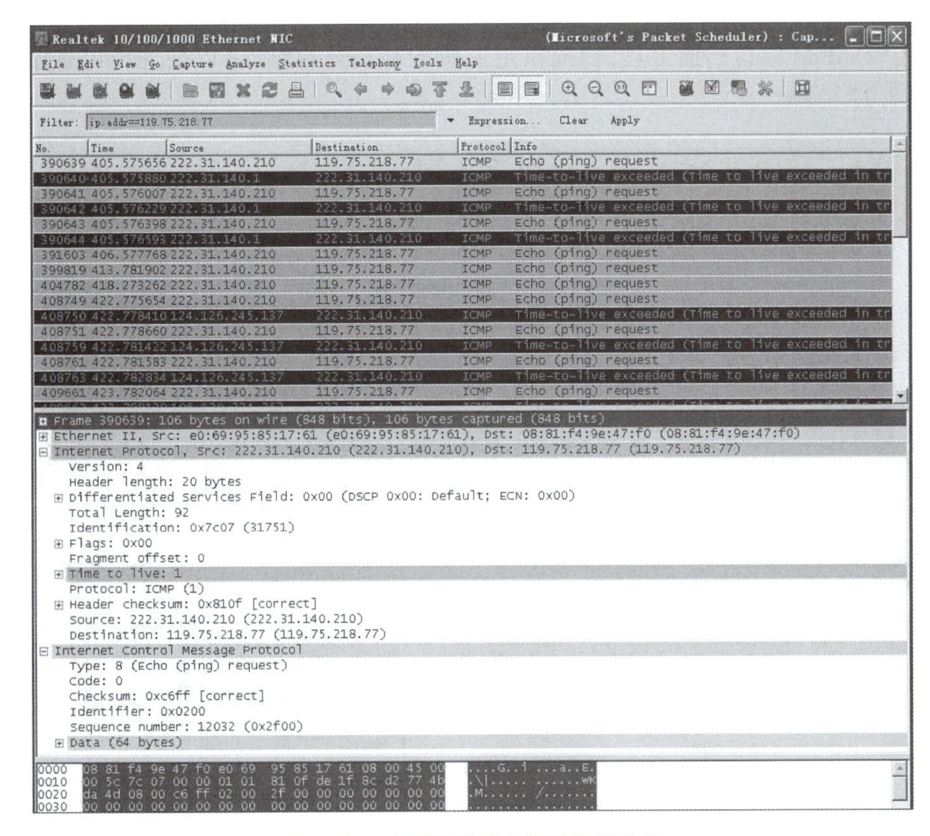

图 3.10　广域网的路由跟踪数据分析

注意,这个路由跟踪的路径并不是唯一的,要看路由选择结果,如图 3.11 所示,获得的地址是 61.135.169.121,共需要 10 跳能够达到。

```
C:\Users\zxm>tracert www.baidu.com

通过最多 30 个跃点跟踪
到 www.a.shifen.com [61.135.169.121] 的路由:

  1     5 ms     0 ms     0 ms  10.10.120.2
  2    33 ms     6 ms     4 ms  222.31.151.49
  3     *        *        *     请求超时。
  4     7 ms     5 ms     4 ms  124.65.247.185
  5    12 ms    13 ms    12 ms  61.149.202.177
  6     7 ms    10 ms     6 ms  61.51.115.114
  7     4 ms     5 ms     5 ms  202.106.43.66
  8     *        *        *     请求超时。
  9     *        *        *     请求超时。
 10     5 ms     4 ms     5 ms  61.135.169.121

跟踪完成。
```

图 3.11　百度搜索网站的路由跟踪变化情况

3.3.3 端口扫描数据捕获与分析

利用ScanPort端口扫描工具,扫描指定主机的端口开放情况,以便发现可疑端口和进程,如图3.12所示。

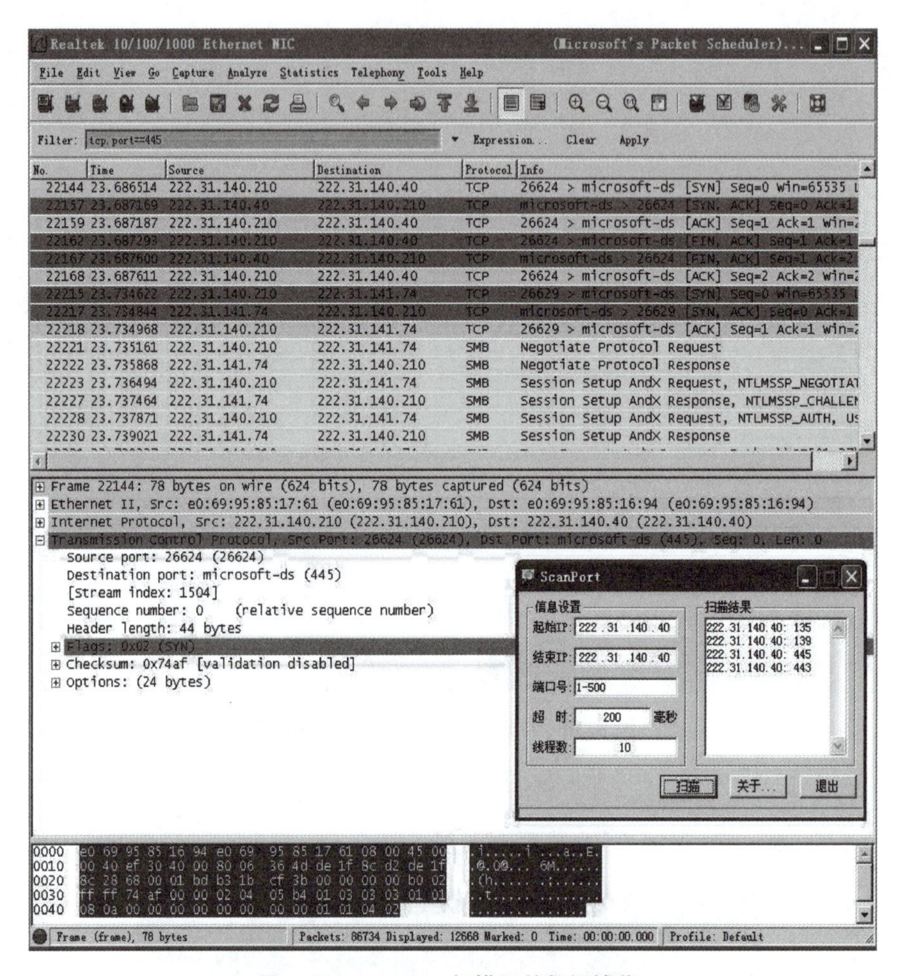

图3.12 ScanPort扫描及其数据捕获

然后,关闭该445端口,再次扫描后的数据捕获情况如图3.13所示。

或者安装使用Zenmap软件进行端口扫描。如图3.14所示,可见本机开放了7个端口,不同端口提供不同的服务,其中135是远程控制端,通过RPC可以保证在一台计算机上运行的程序可以顺利地执行远程计算机上的代码、139端口主要用于提供Windows文件和打印机共享以及UNIX中的Samba服务。

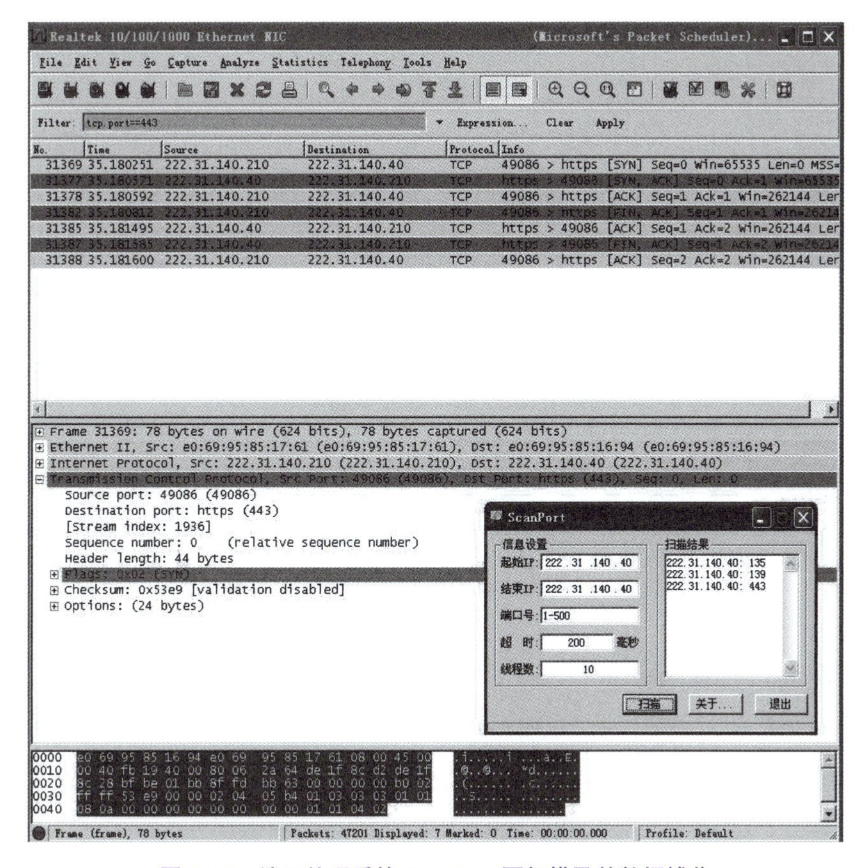

图 3.13　端口处理后的 ScanPort 再扫描及其数据捕获

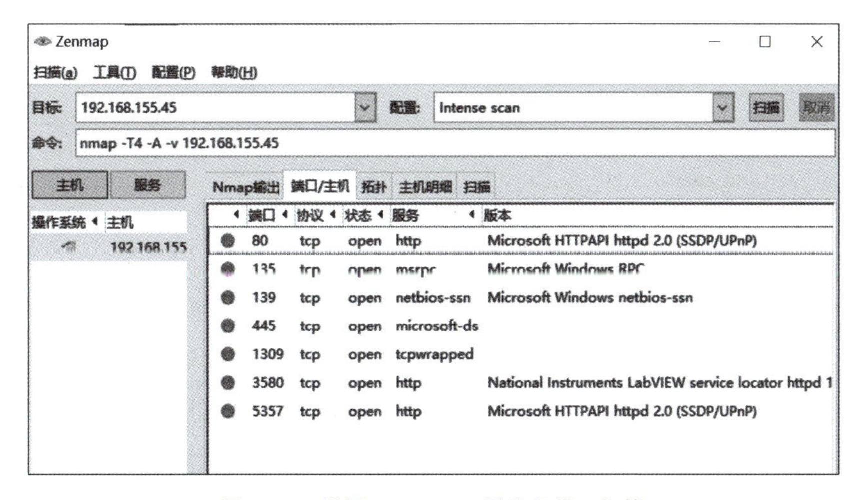

图 3.14　使用 Zenmap 工具进行端口扫描

查看 Wireshark 对该操作的抓包情况，如图 3.15 所示。

No.	Time	Source	Destination	Protocol	Length	Info
77	5.970419	192.168.1.6	101.199.253.60	HTTP	792	POST /cloudquery.php HTTP…
78	5.974136	101.199.253.60	192.168.1.6	TCP	54	80 → 4911 [ACK] Seq=1 Ack…
79	5.981817	101.199.253.60	192.168.1.6	TCP	54	[TCP Previous segment not…
80	5.981817	101.199.253.60	192.168.1.6	TCP	427	[TCP Out-Of-Order] 80 → 4…
81	5.981847	192.168.1.6	101.199.253.60	TCP	54	[TCP Dup ACK 74#1] 4911 →…
82	5.981918	192.168.1.6	101.199.253.60	TCP	54	4911 → 80 [ACK] Seq=1021 …
83	5.982086	192.168.1.6	101.199.253.60	TCP	54	4911 → 80 [FIN, ACK] Seq=…
84	5.987224	101.199.253.60	192.168.1.6	TCP	60	80 → 4911 [ACK] Seq=375 A…
244	6.801179	192.168.1.6	112.64.200.247	TCP	55	50858 → 80 [ACK] Seq=1 Ac…
248	6.825021	112.64.200.247	192.168.1.6	TCP	66	80 → 50858 [ACK] Seq=1 Ac…
273	7.391212	192.168.1.6	101.199.253.60	TCP	66	4936 → 80 [SYN] Seq=0 Win…
274	7.396326	101.199.253.60	192.168.1.6	TCP	62	80 → 4936 [SYN, ACK] Seq=…
275	7.396428	192.168.1.6	101.199.253.60	TCP	54	4936 → 80 [ACK] Seq=1 Ack…

```
> Frame 1: 55 bytes on wire (440 bits), 55 bytes captured (440 bits) on interface 0
> Ethernet II, Src: 5c:80:b6:84:50:71 (5c:80:b6:84:50:71), Dst: d4:b7:09:59:65:cb (d4:b7:09:59:65:cb)
> Internet Protocol Version 4, Src: 192.168.1.6, Dst: 101.72.205.239
> Transmission Control Protocol, Src Port: 4764, Dst Port: 80, Seq: 1, Ack: 1, Len: 1
0000  d4 b7 09 59 65 cb 5c 80  b6 84 50 71 08 00 45 00   ...Ye.\. ..Pq..E.
0010  00 29 8d 18 40 00 40 06  00 00 c0 a8 01 06 65 48   .)..@.@. ......eH
0020  cd ef 12 9c 00 50 f0 7d  a1 06 1d 48 0e e1 50 10   .....P.} ...H..P.
0030  00 ff f5 01 00 00 00                               .......
```


图 3.15　对 Zenmap 的端口扫描操作进行抓包分析

3.3.4　FTP 包的捕获与分析

FTP 客户端软件选用 FileZilla。假定登录 FTP 服务器：ftp.scene.org，如图 3.16 所示。下面重点分析三个关键过程：

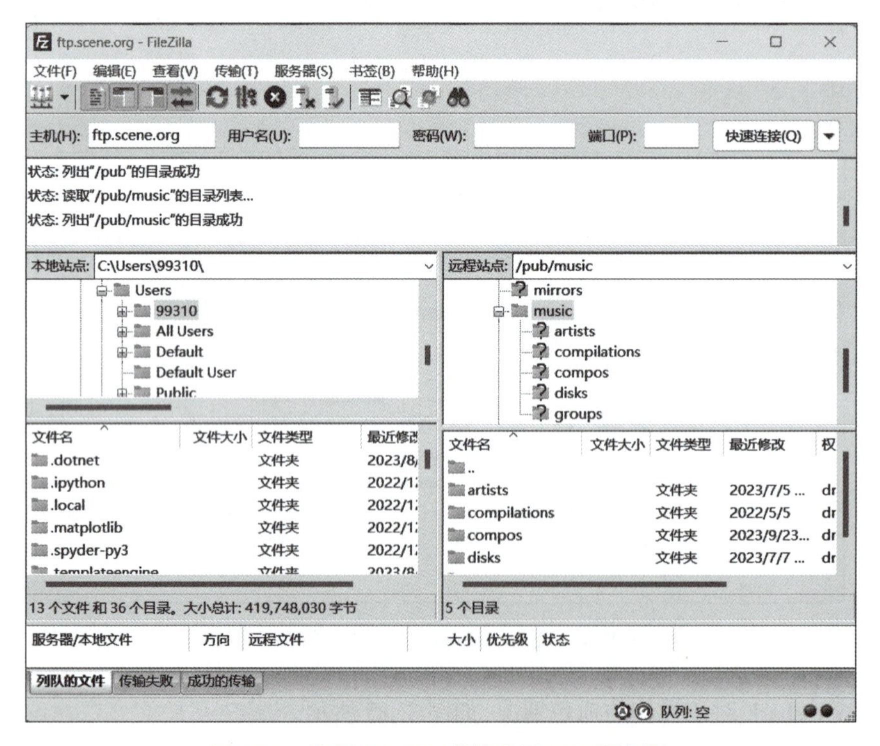

图 3.16　使用 FileZilla 软件登录 FTP 服务器

(1)登录 FTP 服务器。

主要是捕获 USER 和 PWD 的内容,分析 FTP、TCP、IP 的首部信息,如图 3.17 所示。

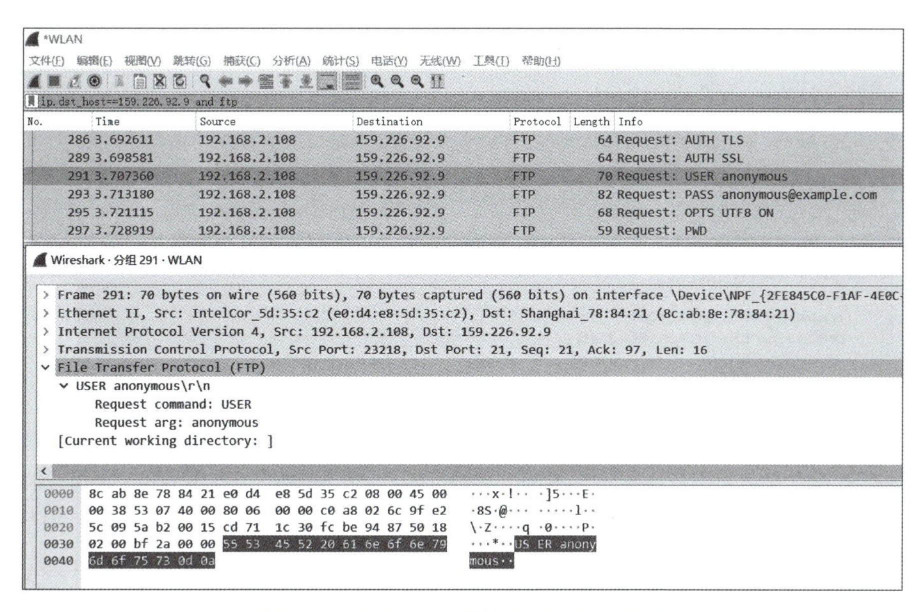

图 3.17　登录 FTP 服务器的数据包信息

从图 3.17 中可以看出,连续 6 个数据包包括了验证、用户名、口令等传输过程。而且,图中选择的数据包标明了用户名信息,其 TCP 的源端口是 23218,目的端口是 FTP 服务器的 21。数据长度是 16 字节,标明是 FTP 内容。

(2)FTP 文件的下载过程。

分别下载两个大小不同的文件,观察 FTP、TCP 和 IP 中的数据分片过程。

①小于 1 MB 的文件下载,如图 3.18 和图 3.19 所示。

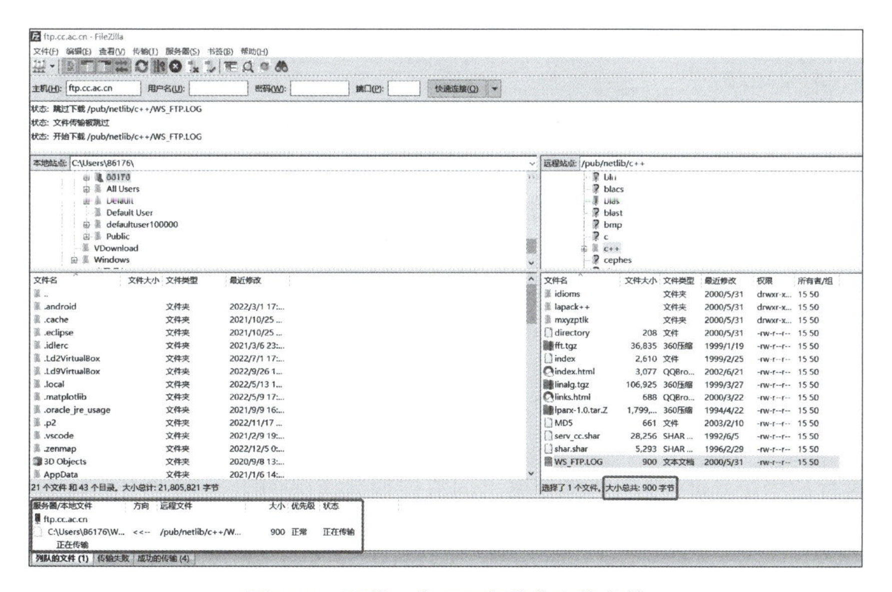

图 3.18　下载一个 900 字节大小的文件

*WLAN
文件(F) 编辑(E) 视图(V) 跳转(G) 捕获(C) 分析(A) 统计(S) 电话(Y) 无线(W) 工具(T) 帮助(H)
ip.dst_host==159.226.92.9 and ftp
No. Time Source Destination Protocol Length Info
1094 8.267490 192.168.2.108 159.226.92.9 FTP 60 Request: PASV
1096 8.273449 192.168.2.108 159.226.92.9 FTP 71 Request: RETR WS_FTP.LOG
Wireshark · 分组 1096 · WLAN
Frame 1096: 71 bytes on wire (568 bits), 71 bytes captured (568 bits) on interface \Device\NPF_{2FE845C0
Ethernet II, Src: IntelCor_5d:35:c2 (e0:d4:e8:5d:35:c2), Dst: Shanghai_78:84:21 (8c:ab:8e:78:84:21)
Internet Protocol Version 4, Src: 192.168.2.108, Dst: 159.226.92.9
Transmission Control Protocol, Src Port: 2208, Dst Port: 21, Seq: 7, Ack: 49, Len: 17
File Transfer Protocol (FTP)
RETR WS_FTP.LOG\r\n
Request command: RETR
Request arg: WS_FTP.LOG
[Current working directory:]
[Command response frames: 1]
[Command response bytes: 900]
[Command response first frame: 1104]
[Command response last frame: 1104]
[Setup frame: 1095]
0000 8c ab 8e 78 84 21 e0 d4 e8 5d 35 c2 08 00 45 00 ···x·!·· ·]5···E·
0010 00 39 53 59 40 00 80 06 00 00 c0 a8 02 6c 9f e2 ·9SY@··· ·····l··
0020 5c 09 08 a0 00 15 c7 a2 15 55 fb 61 12 bc 50 18 \······· ·U·a··P·
0030 01 ff bf 2b 00 00 52 45 54 52 20 57 53 5f 46 54 ···+··RE TR WS_FT
0040 50 2e 4c 4f 47 0d 0a P.LOG··

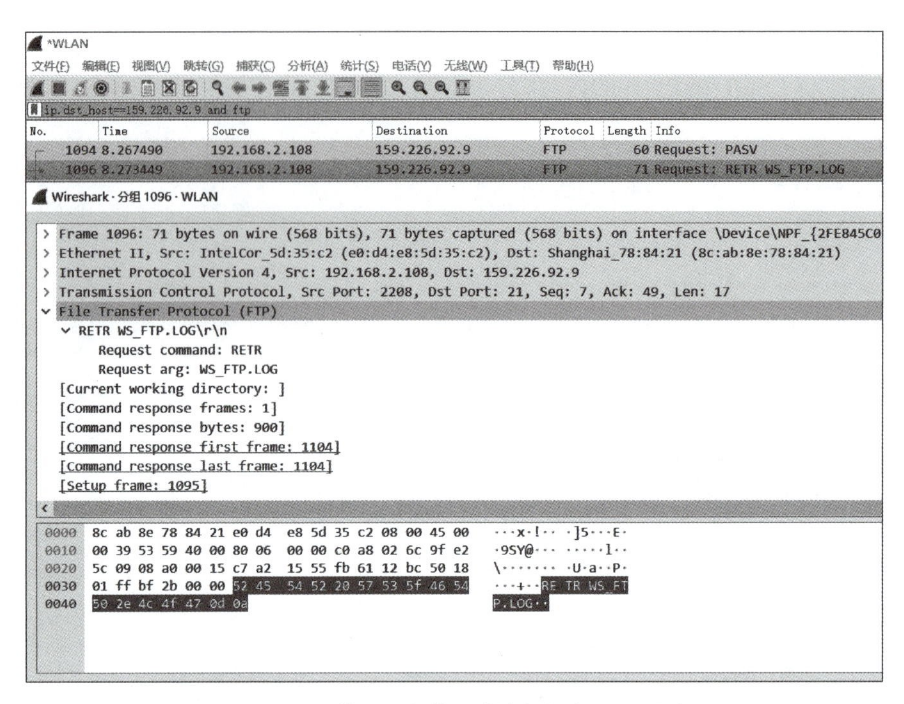

图 3.19　下载 900 字节文件的数据包 FTP 信息

从图 3. 19 中可以看出,FTP 采用 PASV 模式,协议包长度是 17 字节。下载过程中,命令响应帧为 1,命令响应字节为 900 字节,数据未做分片处理,与图 3. 20 中的文件大小相一致。

②位于 1 MB~10 MB 的文件下载,如图 3. 20 所示。

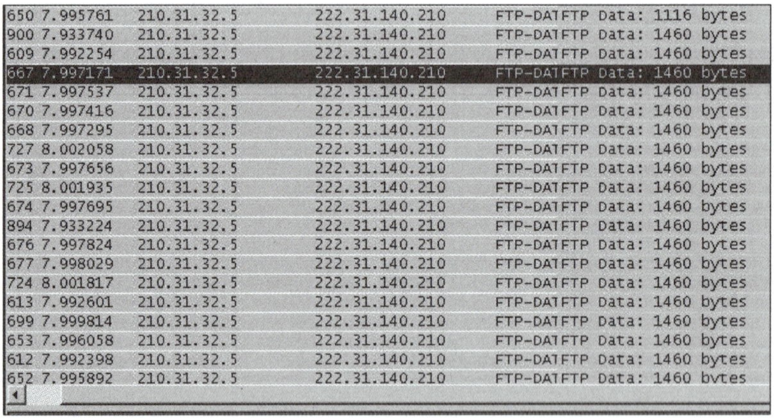

650 7.995761 210.31.32.5 222.31.140.210 FTP-DATFTP Data: 1116 bytes
900 7.933740 210.31.32.5 222.31.140.210 FTP-DATFTP Data: 1460 bytes
609 7.992254 210.31.32.5 222.31.140.210 FTP-DATFTP Data: 1460 bytes
667 7.997171 210.31.32.5 222.31.140.210 FTP-DATFTP Data: 1460 bytes
671 7.997537 210.31.32.5 222.31.140.210 FTP-DATFTP Data: 1460 bytes
670 7.997416 210.31.32.5 222.31.140.210 FTP-DATFTP Data: 1460 bytes
668 7.997295 210.31.32.5 222.31.140.210 FTP-DATFTP Data: 1460 bytes
727 8.002058 210.31.32.5 222.31.140.210 FTP-DATFTP Data: 1460 bytes
673 7.997656 210.31.32.5 222.31.140.210 FTP-DATFTP Data: 1460 bytes
725 8.001935 210.31.32.5 222.31.140.210 FTP-DATFTP Data: 1460 bytes
674 7.997695 210.31.32.5 222.31.140.210 FTP-DATFTP Data: 1460 bytes
894 7.933224 210.31.32.5 222.31.140.210 FTP-DATFTP Data: 1460 bytes
676 7.997824 210.31.32.5 222.31.140.210 FTP-DATFTP Data: 1460 bytes
677 7.998029 210.31.32.5 222.31.140.210 FTP-DATFTP Data: 1460 bytes
724 8.001817 210.31.32.5 222.31.140.210 FTP-DATFTP Data: 1460 bytes
613 7.992601 210.31.32.5 222.31.140.210 FTP-DATFTP Data: 1460 bytes
699 7.999814 210.31.32.5 222.31.140.210 FTP-DATFTP Data: 1460 bytes
653 7.996058 210.31.32.5 222.31.140.210 FTP-DATFTP Data: 1460 bytes
612 7.992398 210.31.32.5 222.31.140.210 FTP-DATFTP Data: 1460 bytes
652 7.995892 210.31.32.5 222.31.140.210 FTP-DATFTP Data: 1460 bytes

图 3.20　位于 1 MB~10 MB 的文件下载数据捕获

观察发现,下载的大文件被自动分片,每片最多 1 460 字节。

(3)FTP 服务的退出过程。

如果执行命令是 quit,则 FTP 服务退出的数据捕获情况如图 3. 21 所示。

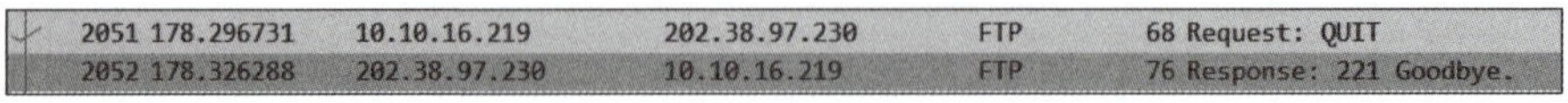

2051 178.296731 10.10.16.219 202.38.97.230 FTP 68 Request: QUIT
2052 178.326288 202.38.97.230 10.10.16.219 FTP 76 Response: 221 Goodbye.

图 3.21　FTP 退出时的抓包情况

观察图 3.22 所示的数据包发现,从客户端 10.10.170.123 确认退出请求,到双方的交互完成结束,经历了 4 个数据包,符合 TCP 断开连接过程是“4 次挥手”。先作数据包分析:

第 1 个数据包:是客户端对服务器关闭连接的响应;

第 2 个数据包:是客户端完成与服务器之间的信息传输;

第 3 个数据包:是 FTP 服务器到客户端的数据发送已完成;

第 4 个数据包:是客户端对第 3 个数据包的响应。

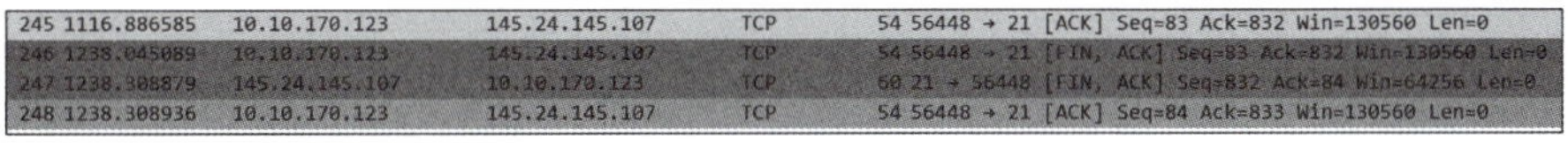

```
245 1116.886585  10.10.170.123   145.24.145.107  TCP  54 56448 → 21 [ACK] Seq=83 Ack=832 Win=130560 Len=0
246 1238.045089  10.10.170.123   145.24.145.107  TCP  54 56448 → 21 [FIN, ACK] Seq=83 Ack=832 Win=130560 Len=0
247 1238.308879  145.24.145.107  10.10.170.123   TCP  60 21 → 56448 [FIN, ACK] Seq=832 Ack=84 Win=64256 Len=0
248 1238.308936  10.10.170.123   145.24.145.107  TCP  54 56448 → 21 [ACK] Seq=84 Ack=833 Win=130560 Len=0
```

图 3.22　FTP 退出过程的数据捕获

还可能产生其他交互情况,如图 3.23 所示。

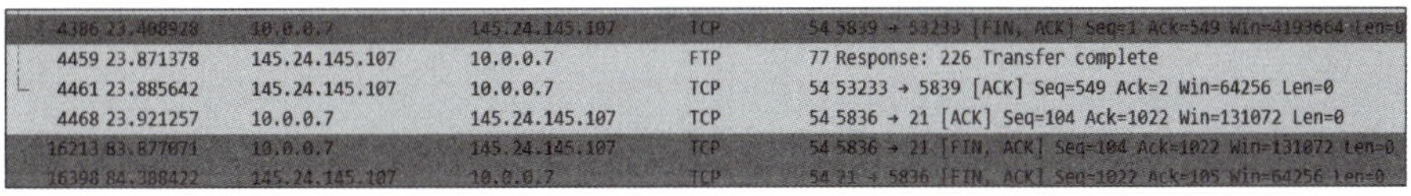

```
 4386 23.408928  10.0.0.7        145.24.145.107  TCP  54 5839 → 53233 [FIN, ACK] Seq=1 Ack=549 Win=4193664 Len=0
 4459 23.871378  145.24.145.107  10.0.0.7        FTP  77 Response: 226 Transfer complete
 4461 23.885642  145.24.145.107  10.0.0.7        TCP  54 53233 → 5839 [ACK] Seq=549 Ack=2 Win=64256 Len=0
 4468 23.921257  10.0.0.7        145.24.145.107  TCP  54 5836 → 21 [ACK] Seq=104 Ack=1022 Win=131072 Len=0
16213 83.877071  10.0.0.7        145.24.145.107  TCP  54 5836 → 21 [FIN, ACK] Seq=104 Ack=1022 Win=131072 Len=0
16398 84.388422  145.24.145.107  10.0.0.7        TCP  54 21 → 5836 [FIN, ACK] Seq=1022 Ack=105 Win=64256 Len=0
```

图 3.23　客户退出连接时的抓包情况

对该图中的 6 个数据包进行以下分析:

第 1 个数据包:是客户端 10.0.0.7 完成数据传输任务,向服务器的数据连接发出说明;

第 2 个数据包:服务器 145.24.145.107 到客户端的数据传输任务完成;

第 3 个数据包:服务器在数据连接上对第 1 个包的响应;

第 4 个数据包:客户端在控制连接上对第 2 个包的响应;

第 5 个数据包:客户端在控制连接上向服务器表明所有任务完成;

第 6 个数据包:服务器在控制连接上对客户端的响应。至此,双方的所有连接断开。

3.3.5　HTTP 包的捕获与分析

登录网站时,采用 Wireshark 同步捕获访问过程中的 HTTP 包。例如,登录百度网站后的数据捕获情况如图 3.24 所示。

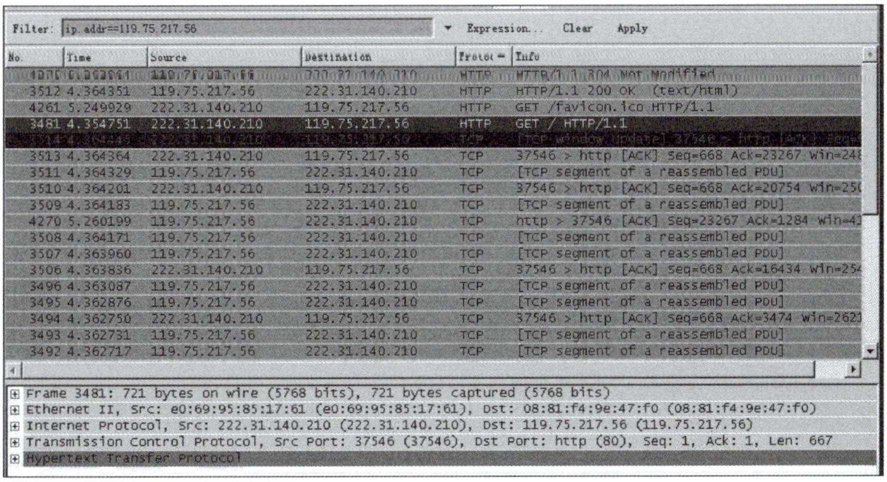

```
Filter: ip.addr==119.75.217.56          ▼ Expression...  Clear  Apply
No.   Time      Source          Destination     Protocol  Info
[illegible]     119.75.217.56   222.31.140.210  HTTP   HTTP/1.1 304 Not Modified
3512 4.364351   119.75.217.56   222.31.140.210  HTTP   HTTP/1.1 200 OK  (text/html)
4261 5.249929   222.31.140.210  119.75.217.56   HTTP   GET /favicon.ico HTTP/1.1
3481 4.354751   222.31.140.210  119.75.217.56   HTTP   GET / HTTP/1.1
[illegible]     222.31.140.210  119.75.217.56   TCP    [TCP Window Update] 37546 > http [ACK] [illegible]
3513 4.364364   222.31.140.210  119.75.217.56   TCP    37546 > http [ACK] Seq=668 Ack=23267 Win=248
3511 4.364329   119.75.217.56   222.31.140.210  TCP    [TCP segment of a reassembled PDU]
3510 4.364201   222.31.140.210  119.75.217.56   TCP    37546 > http [ACK] Seq=668 Ack=20754 Win=250
3509 4.364183   119.75.217.56   222.31.140.210  TCP    [TCP segment of a reassembled PDU]
4270 5.260199   119.75.217.56   222.31.140.210  TCP    http > 37546 [ACK] Seq=23267 Ack=1284 Win=41
3508 4.364171   119.75.217.56   222.31.140.210  TCP    [TCP segment of a reassembled PDU]
3507 4.363960   119.75.217.56   222.31.140.210  TCP    [TCP segment of a reassembled PDU]
3506 4.363836   222.31.140.210  119.75.217.56   TCP    37546 > http [ACK] Seq=668 Ack=16434 Win=254
3496 4.363087   119.75.217.56   222.31.140.210  TCP    [TCP segment of a reassembled PDU]
3495 4.362876   119.75.217.56   222.31.140.210  TCP    [TCP segment of a reassembled PDU]
3494 4.362750   222.31.140.210  119.75.217.56   TCP    37546 > http [ACK] Seq=668 Ack=3474 Win=262
3493 4.362731   119.75.217.56   222.31.140.210  TCP    [TCP segment of a reassembled PDU]
3492 4.362717   119.75.217.56   222.31.140.210  TCP    [TCP segment of a reassembled PDU]

⊞ Frame 3481: 721 bytes on wire (5768 bits), 721 bytes captured (5768 bits)
⊞ Ethernet II, Src: e0:69:95:85:17:61 (e0:69:95:85:17:61), Dst: 08:81:f4:9e:47:f0 (08:81:f4:9e:47:f0)
⊞ Internet Protocol, Src: 222.31.140.210 (222.31.140.210), Dst: 119.75.217.56 (119.75.217.56)
⊞ Transmission Control Protocol, Src Port: 37546 (37546), Dst Port: http (80), Seq: 1, Ack: 1, Len: 667
⊞ Hypertext Transfer Protocol
```

图 3.24　Web 网页访问的数据捕获情况

下面是不同层次的协议分析：

(1)HTTP(见图 3.25),采用了 GET 请求方法。

(2)TCP(见图 3.26)。

进程的源端口和目的端口分别是 37546 和 80。

(3)IP(见图 3.27)。

```
⊟ Hypertext Transfer Protocol
  ⊟ GET / HTTP/1.1\r\n
    ⊟ [Expert Info (Chat/Sequence): GET / HTTP/1.1\r\n]
        [Message: GET / HTTP/1.1\r\n]
        [Severity level: Chat]
        [Group: Sequence]
      Request Method: GET
      Request URI: /
      Request Version: HTTP/1.1
    [truncated] Accept: image/gif, image/x-xbitmap, image/jpeg, image/pjpeg, application/x-shockwave-flash,
    Accept-Language: zh-cn\r\n
    Accept-Encoding: gzip, deflate\r\n
    User-Agent: Mozilla/4.0 (compatible; MSIE 6.0; Windows NT 5.1; SV1; .NET CLR 2.0.50727; .NET CLR 3.0.4
    Host: www.baidu.com\r\n
    Connection: Keep-Alive\r\n
    Cookie: BAIDUID=C9C65BDE17B1244542E2F59500A14FD7:FG=1; BAIDUPSID=C9C65BDE17B1244542E2F59500A14FD7; BD_
    \r\n
```

图 3.25 Web 网页访问的 HTTP 分析

```
⊞ Frame 3481: 721 bytes on wire (5768 bits), 721 bytes captured (5768 bits)
⊞ Ethernet II, Src: e0:69:95:85:17:61 (e0:69:95:85:17:61), Dst: 08:81:f4:9e:47:f0 (08:81:f4:9e:47:f0)
⊞ Internet Protocol, Src: 222.31.140.210 (222.31.140.210), Dst: 119.75.217.56 (119.75.217.56)
⊟ Transmission Control Protocol, Src Port: 37546 (37546), Dst Port: http (80), Seq: 1, Ack: 1, Len: 667
    Source port: 37546 (37546)
    Destination port: http (80)
    [Stream index: 203]
    Sequence number: 1    (relative sequence number)
    [Next sequence number: 668    (relative sequence number)]
    Acknowledgement number: 1    (relative ack number)
    Header length: 20 bytes
  ⊟ Flags: 0x18 (PSH, ACK)
      0... .... = Congestion Window Reduced (CWR): Not set
      .0.. .... = ECN-Echo: Not set
      ..0. .... = Urgent: Not set
      ...1 .... = Acknowledgement: Set
      .... 1... = Push: Set
      .... .0.. = Reset: Not set
      .... ..0. = Syn: Not set
      .... ...0 = Fin: Not set
    Window size: 262144 (scaled)
  ⊟ Checksum: 0x20a2 [validation disabled]
      [Good Checksum: False]
      [Bad Checksum: False]
  ⊟ [SEQ/ACK analysis]
      [Number of bytes in flight: 667]
⊞ Hypertext Transfer Protocol
```

图 3.26 Web 网页访问的 TCP 分析

```
⊞ Frame 3481: 721 bytes on wire (5768 bits), 721 bytes captured (5768 bits)
⊞ Ethernet II, Src: e0:69:95:85:17:61 (e0:69:95:85:17:61), Dst: 08:81:f4:9e:47:f0 (08:81:f4:9e:47:f0)
⊟ Internet Protocol, Src: 222.31.140.210 (222.31.140.210), Dst: 119.75.217.56 (119.75.217.56)
    Version: 4
    Header length: 20 bytes
  ⊟ Differentiated Services Field: 0x00 (DSCP 0x00: Default; ECN: 0x00)
      0000 00.. = Differentiated Services Codepoint: Default (0x00)
      .... ..0. = ECN-Capable Transport (ECT): 0
      .... ...0 = ECN-CE: 0
    Total Length: 707
    Identification: 0x81e5 (33253)
  ⊟ Flags: 0x02 (Don't Fragment)
      0.. = Reserved bit: Not set
      .1. = Don't fragment: Set
      ..0 = More fragments: Not set
    Fragment offset: 0
    Time to live: 128
    Protocol: TCP (6)
  ⊟ Header checksum: 0xbad9 [correct]
      [Good: True]
      [Bad: False]
    Source: 222.31.140.210 (222.31.140.210)
    Destination: 119.75.217.56 (119.75.217.56)
⊞ Transmission Control Protocol, Src Port: 37546 (37546), Dst Port: http (80), Seq: 1, Ack: 1, Len: 667
⊞ Hypertext Transfer Protocol
```

图 3.27 Web 网页访问的 IP 分析

分析结果如下：

- 源 IP 地址：222.31.140.210。
- 目的 IP 地址：119.75.217.56。
- IP 版本：IPv4。
- 数据报首部长度：20 字节。
- 数据报总长度：707 字节。
- 标志：保留位未设置 Reserved bit = 0；DF = 1，不允许分片；MF = 0，这是数据包片的最后一个；片偏移为 0。
- Time to live：128：表示数据包在因特网上至多可以经过 128 个路由器。
- "6"表示 TCP。
- 首部校验和：0xbad9（正确）。

小　结

本章从网络数据包捕获原理出发，通过著名的网络抓包工具 Wireshark，来阐述协议抓包的具体要求和解析过程，增强网络安全防范意识。重点阐述了一个综合性的网络抓包案例，包括网络层的 ICMP 和 IP、传输层的 TCP、应用层的 FTP 和 HTTP。采用 PING 命令，可以捕获 ICMP 的 4 个发送包和 4 个接收包。随后，展示了路由跟踪和端口扫描两个不同层次的协议分析情况。FTP 数据包的分析非常经典，它包括了 TCP 的 3 次握手、下载数据的分片和 4 次挥手过程，以及 FTP 的两种控制模式，值得细心探索。

习　题

1. 如果想抓取 TCP 数据包，应如何开展网络应用实验？
2. 如果想抓取 UDP 数据包，应如何开展网络应用实验？
3. 为了及时识别网络木马，可以采用网络端口扫描工具，去探测可疑的端口号，并关闭它。请自行下载一款端口扫描工具，完成这些扫描和分析任务。
4. 通过网络搜索，寻找可用的 FTP 服务器，并开展抓包实验。
5. 请登录华为公司的官方网站，同时抓包分析 HTTP 数据包。
6. 对于网络传输层的报文分片，如何通过抓包分析来获得其分片效果？
7. 对于 IP 包的分片，如何通过抓包分析来获得其分片效果？
8. 通过网络测试工具 NetAsistant（见图 3.28），分别发送 TCP 和 UDP 报文，在接收方分析 Wireshark 的抓包结果，特别注意接收数据的格式。

图 3.28　NetAsistant 工具界面

第 4 章
组帧技术及其实现

在信息隐藏算法中，为了确保信息提取的可靠性，往往需要使用同步技术。在信息嵌入阶段，就需要在待隐藏数据之前增加同步码。与此相似，组帧就是帧同步技术，在数据链路层设置了四种组帧技术，其中的“零比特填充法”用得普遍。按照标准，将 0x7E（01111110）作为帧头和帧尾的同步码。此外，帧信息的网络传输，需要采用校验方式进行验证，从而引入了差错控制功能。

学习目标

(1)能够分析比较不同组帧方法和技术。
(2)具备循环冗余码的程序设计能力。

4.1　几种组帧技术比较

组帧技术,也称为帧同步技术。有不同的组帧方式:有以字节为单位组成帧的各部分字段,这称为面向字节的组帧方式;也有以任意比特组成帧的,这称为面向比特的组帧方式。

4.1.1　广域网的四种组帧方法

广域网的组帧方法包括字节计数法、字符填充法、零比特填充法和违例编码法。由于字节计数法中计数字段的脆弱性及字符填充实现上的复杂性和不兼容性,目前较普遍使用的组帧方法是零比特填充法和违例编码法。

零比特填充法以一组特定的比特模式(01111110)来标志一帧的开始和结束,它允许任意长度的位码,也允许每个字符有任意长度的位。在发送方的数据链路层,每当数据中遇到 5 个连续的比特“1”时,则自动在其输出位流中填充一个比特“0”。在接收方的数据链路层,每当数据中收到连续 5 个“1”,且其后是“0”时,则自动删除该“0”比特。其工作原理如图 4.1 所示。

0 1 1 0 1 1 1 1 1 1 1 1 0 1 1 1 1 1 1 0 0 1 0

(a)原始数据

0 1 1 0 1 1 1 1 1 0 1 1 1 0 1 1 1 1 1 0 1 0 0 1 0

填充比特0

(b)实发数据

0 1 1 0 1 1 1 1 1 1 1 1 0 1 1 1 1 1 1 0 0 1 0

(c)接收方删除填充比特后的数据

图 4.1 零比特填充法示例

零比特填充帧同步方式很容易由硬件来实现,其性能优于字符填充方式。所有面向比特的同步控制协议采用统一的帧格式,无论是数据,还是单独的控制信息均以帧为单位传送,其典型代表是 HDLC 协议。

违例编码法在物理层采用特定的比特编码方法时采用。例如,曼彻斯特编码方法,是将数据比特“0”编码成“高-低”电平对,将数据比特“1”编码成“低-高”电平对,而“高-高”电平对和“低-低”电平对在数据比特中是违法的。它可以借用这些违法编码序列来界定帧的开始和结束。局域网 IEEE 802 标准中就采用了这种方法。违法编码法不需要任何填充技术便能实现数据的透明性,但它只适于采用冗余编码的特殊编码环境。

1. 高级数据链路协议

高级数据链路控制(high level data link control,HDLC)由 ISO 确定为国际标准 ISO 3309。相应地,我国制定了国家标准 GB/T 7421—2008。

HDLC 协议的帧结构如图 4.2 所示,其主要字段说明如下:

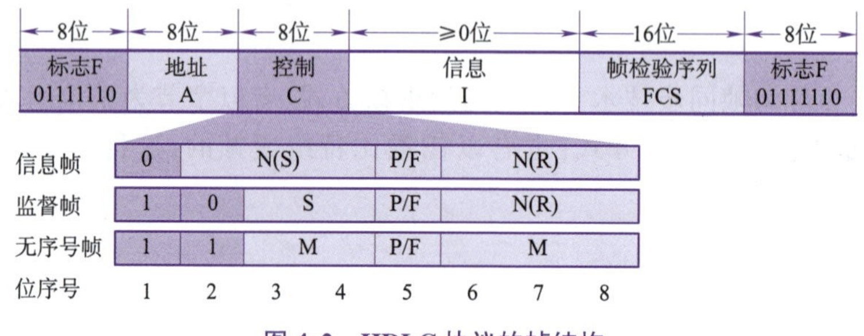

图 4.2 HDLC 协议的帧结构

(1)标志字段 F:每帧的首尾都采用 01111110(0x7E)作为边界。当连续传输一些帧时,前帧的结束标志 F 可以兼作下一帧的起始标志。在组帧方式中,HDLC 规定采用零比特填充法实现数据的透明传输。

(2)地址字段 A:全“1”地址是广播地址,全“0”地址无效。在非平衡结构中,对于主站发送到从站的帧或从站发向主站的帧,地址字段给出的是从站地址;在平衡结构中,该字段填入应答站的地址。因此,有效地址共有 254 个,这样,HDLC 可用于点对多点的通信。

(3)控制字段 C:该字段最复杂,是 HDLC 的关键字段。HDLC 的许多重要功能都是由该字段实现的。

(4)信息字段 I:该字段主要是由网络层下来的分组,其长度没有具体规定,需要根据链路情况和通信站的缓冲区容量来确定，目前国际上用得较多的是1 000~2 000 bit。下限可以为0，即没有信息字段。

(5)帧校验序列FCS：采用CRC校验，生成多项式是CRC-CCITT：$x^{16}+x^{12}+x^{5}+1$，校验范围包括地址、控制、信息字段等，但是不包括由于采用零比特填充法而额外填入的0。

(6)由于只有信息字段的长度可以为0，所以，最短的帧长为48 bit(包括标志字段)，小于此长度的帧是无效帧。

2. 点到点协议

用户接入因特网有多种途径，比如电话拨号、一线通、ADSL、有线通等方式，连接到某个因特网服务提供商ISP。从用户计算机到ISP的链路所使用的数据链路层协议，用得最为广泛的就是点到点协议(point-to-point protocol，PPP)。PPP于1992年制定，经过若干次修订后，现在规定的PPP已经成为因特网的正式标准RFC 1661。

与HDLC协议相比，PPP不需要序号，没有确认机制和流量控制功能，只支持点到点线路，只支持全双工链路。

PPP能够在同一条物理链路上同时支持多种网络层协议的运行；它还能够在多种类型的链路上运行，如串行或并行、同步或异步、低速或高速、电或光信号、交换或非交换。

随着技术的进步，目前已经没有必要在数据链路层使用很复杂的协议来实现可靠的传输。因此，网络协议PPP和CSMA/CD已成为数据链路层的主流协议，而可靠传输的责任主要落在了传输层的TCP上。

PPP的帧结构如图4.3所示。可以看出，PPP的帧结构与HDLC协议非常相似，其首部的前三个字段和尾部都是一样。

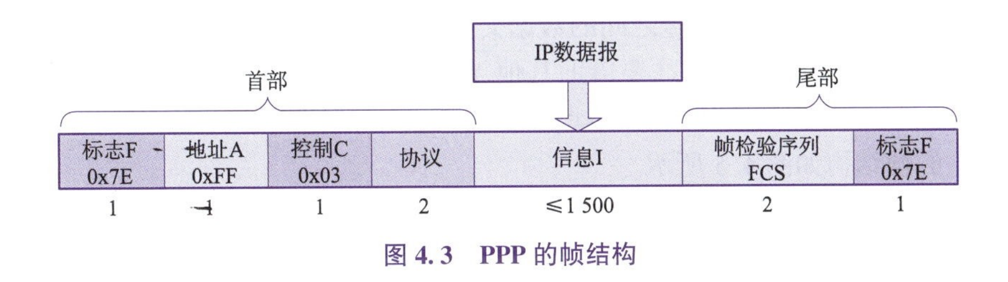

图4.3 PPP的帧结构

4.1.2 局域网的组帧技术

以太网采用无连接的工作方式，而且不要求收到数据的目的站发回确认。因此，以太网提供的服务是不可靠的交付。当目的站收到有差错的数据帧时，就丢弃此帧。

图4.4所示为以太网V2的MAC帧结构。其MAC帧由五个字段组成：前两个字段分别为6字节长的目的地址和源地址字段。第三个字段是类型字段，用来标识上一层使用的协议，以便把MAC帧的数据上交给该协议。例如，当类型字段的值是0x0800时，就表示上层使用的是TCP/IP。第四个数据字段的长度为46~1 500字节。最后一个字段是4字节的帧检验序列FCS。

在高速以太网方面，万兆以太网的标准802.3ae于2002年发布。万兆以太网的帧格式与10 Mbit/s、100 Mbit/s和1 Gbit/s以太网的帧格式完全相同。万兆以太网还保留了802.3标准规定的以太网最小和最大帧长，这就使用户在将其已有的以太网进行升级时，仍能和较低速率的以太网很方便地通信。万兆以太网不再使用铜线而只使用光纤作为传输媒体。它

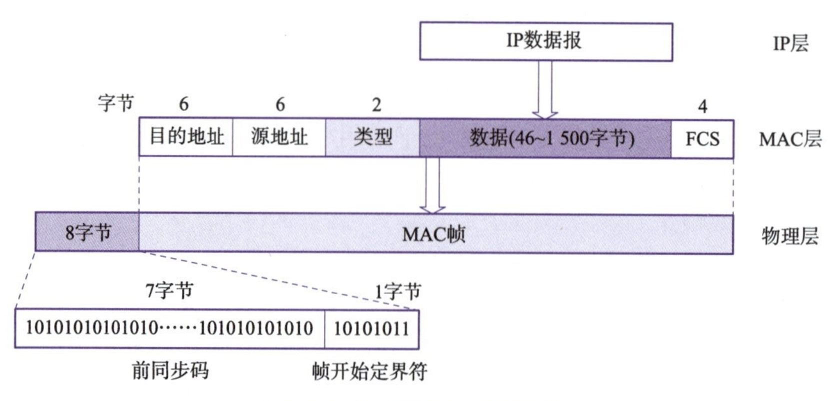

图 4.4 以太网 V2 的帧结构

使用长距离(超过 40 km)的光收发器与单模光纤接口,以便能够在广域网和城域网的范围工作。万兆以太网也可使用较便宜的多模光纤,但传输距离为 65~300 m。

万兆以太网只工作在全双工方式,因此不存在争用问题,也不使用 CSMA/CD 协议,这就使得万兆以太网的传输距离不再受冲突检测的限制而大大提高了。以太网的工作范围已经从局域网扩大到城域网和广域网,从而实现了端到端的以太网传输。

4.1.3 无线局域网的帧结构

802.11 MAC 帧结构与以太网 MAC 帧的不同主要有两个方面:

(1)802.11 增加了对数据帧的确认机制,从而为每个数据帧设置相应的帧序号。

(2)无线终端与基础网络设施之间的数据交换都通过接入点 AP 实现,而自组织网络模式中无线终端之间的数据通信往往要借助其他无线终端的转发和传递。因此,每个 802.11 帧需要提供额外的 MAC 地址(除了源结点和目的结点)。

802.11 的帧结构如图 4.5 所示。

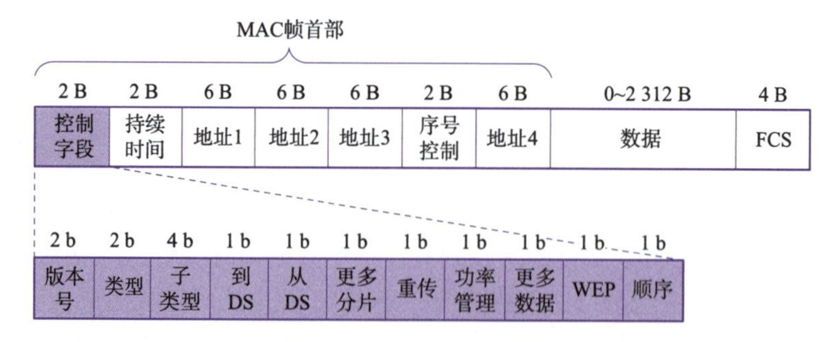

图 4.5 802.11 的帧结构

802.11 的 MAC 帧共有三种类型:控制帧、数据帧和管理帧。MAC 帧的复杂性都在其首部。最特殊之处就是有两个 MAC 地址字段:发送地址 、接收地址(源地址和目的地址),由控制字段中的两个控制位“到 DS”和“从 DS”的不同组合来决定每个地址字段的含义,从而实现复杂的链路状态维护功能。下面以示例来说明地址字段的用法,内容见表 4.1。

表4.1　802.11MAC帧的地址字段使用示例

路由示例	到DS	从DS	地址1	地址2	地址3	地址4
A经AP1发送数据到R	1	0	接收地址:AP1地址	源地址:A的地址	目的地址:R的地址	—
R经AP1发送数据到A	0	1	目的地址:A的地址	发送地址:AP1地址	源地址:R的地址	—
A经AP1、AP2发送数据到B	1	1	接收地址:AP2地址	发送地址:AP1地址	目的地址:B的地址	源地址:A的地址
自组织网络	0	0	目的地址	源地址	服务集标识BSSID	—

(1)当BSS1中无线终端A发送数据到扩展服务区以外的计算机时,A构建802.11数据帧,其中的“到DS”和“从DS”控制位是“10”,使用了地址1、2和3。AP1接收到这个802.11帧,将其转换成802.3以太网帧并发送到路由器R,以A的地址为源地址,以R的地址为目的地址。

(2)从路由器发送到结点A的以太网数据帧,以R的地址为源地址,以A的地址为目的地址,AP1接收该数据帧,构建相应的802.11数据帧,如表4.1中的第2行所示。

(3)当无线终端A发送数据到另一个BSS中的无线终端B时,则数据帧传输过程将涉及4个地址。以A的地址为源地址(地址4),以B的地址为目的地址(地址3),以AP1的地址为发送地址(地址2),以AP2的地址为接收地址(地址1)。

(4)控制位为“00”时,表示自组织工作模式中一个无线终端向另一个无线终端发送数据,此时不需要AP转发,但地址3字段为无线终端所在基本服务集的标识BSSID。

4.2　组帧程序设计

本节先比较几种帧的差异,然后分析程序设计功能框架,描述组帧的程序设计流程。

4.2.1　几种帧的差异分析

为了便于组帧程序设计,首先要分清楚以下几种帧的差异。

1. 广域网

以HDLC协议和PPP为代表,主要使用的是零比特填充法,但PPP在异步传输时,使用字符填充法。HDLC的帧头包括标志、地址和控制三部分,PPP的帧头则是标志、地址、控制和协议四部分,两者的帧尾都是数据校验FCS和标志。信息字段来源于网络层,HDLC协议的信息字段长度没有规定,一般是1 000~2 000字节,最小为0;而PPP的信息字段长度的默认范围是0~1 500字节。

HDLC协议的帧校验字段FCS占用2字节长度,采用CRC校验,生成多项式是CRC-CCITT,校验范围包括地址、控制、信息字段。

PPP的检验范围包括地址、控制、类型和数据字段四部分,前两部分是固定的,分别是0xFF和0x03,还是采用CRC-CCITT检验。

2. 以太网 V2

其帧头包括目的 MAC 地址、源 MAC 地址和类型，共占用 14 字节；帧尾是 FCS，占用 4 字节长度，采用 CRC-32 检验。显然，以太网的帧头与广域网的差异很大，而且，其信息字段长度范围是 46~1 500 字节。

3. 无线局域网

其帧头占用了 30 字节，包括 4 个 6 字节的 MAC 地址，还有控制、持续时间和序号字段，都是 2 字节长度；帧尾是 FCS，占用 4 字节长度，采用 CRC-32 检验。信息字段的长度范围是 0~2 312 字节。

因此，不同类型的帧，其结构和内容也不同，CRC 校验方法也并不完全相同。

4.2.2 组帧程序设计思路

组帧程序应该包括帧协议选择、标记设置、帧头信息输入、数据字段内容输入、帧尾设置、成帧结果显示和成帧保存等功能，如图 4.6 所示。

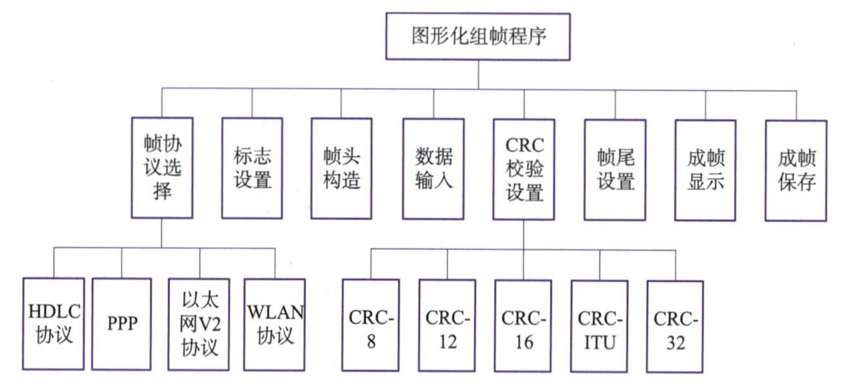

图 4.6 组帧程序基本功能框图

从广域网、以太网和无线局域网的数据链路层看，首先要选择所构建帧的协议类型，包括广域网的 HDLC 协议和 PPP，以及以太网 V2 协议和 802.11 无线局域网协议。

然后，按照具体选择的协议帧，去设置和选择帧的标志。对于广域网，其标志为 0x7E；对于以太网帧，其标志占 8 字节，是前导码和帧开始定界符的组合。

帧头构造主要包括地址等内容，帧尾主要包括 FCS 的选择；对于广域网，最后还有 0x7E 标志。

数据输入功能指的是要通过图形化界面，人工输入网络层传递来的数据。为了避免输入出错，可以通过网络抓包方式获得真实的网络层数据，然后填入帧的数据字段。另外，要注意其长度范围。

CRC 校验设置指的是要事先设置常见的 CRC 生成多项式，便于构造帧时直接选用。

最后，完成的帧要在界面上显示，并能够保存到文本文件中。

下面给出以太网帧的组帧程序设计流程，如图 4.7 所示。如果数据长度超过了 1 500 字节，则需要将超过的部分封装到下一个帧。

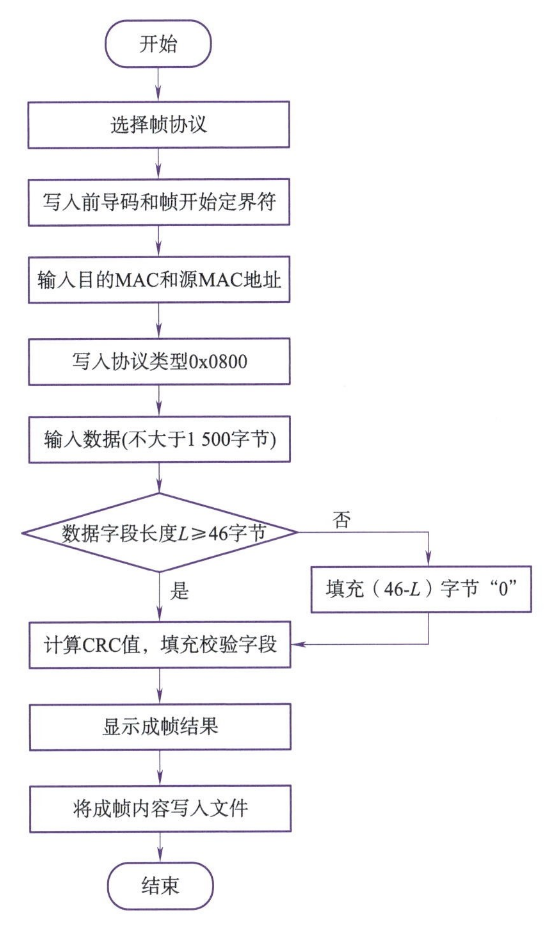

图 4.7　以太网帧的组帧程序设计流程

4.3　循环冗余码及其程序设计

本节首先描述循环冗余码的含义和应用方法,然后通过编程说明计算示例。

4.3.1　循环冗余校验码介绍

循环冗余校验(cyclic redundancy check,CRC)码是局域网和广域网的数据链路层通信中用得最多,也是最有效的检错方式。其基本思想是在数据后面添加一组与数据相关的冗余码,冗余码的位数越多,检错能力越强,但传输过程的额外开销也越大。

CRC 码又称为多项式码,任何一个由二进制数位串组成的代码都可以和一个只含有“0”和“1”两个系数的多项式建立一一对应的关系,例如,代码 1011011 对应的多项式为 $x^6+x^4+x^3+x+1$。k 位要发送的信息位可对应于一个$(k-1)$次多项式 $M(x)$,r 位冗余位对应于一个$(r-1)$次多项式 $R(x)$。由 k 位信息位后面加上 r 位冗余位组成的 $n=k+r$ 位的编码,即 CRC 码,对应于一个$(n-1)$次多项式 $F(x)=x^rM(x)+R(x)$。

由信息位产生冗余位的编码过程,就是已知 $M(x)$ 求 $R(x)$ 的过程。在 CRC 码中,可以通过找到一个特定的 r 次多项式 $G(x)$ 来实现,用 $G(x)$ 去除 $x^rM(x)$ 得到的余式就是 $R(x)$。

在接收方,校验的方法是用生成多项式 $G(x)$ 去除接收到的 $x^rM(x)+R(x)$,若不能整除,表明传输中出错,但无法指明错误位置。

注意,这里的加法和除法都是基于模 2 运算,其特点是不考虑进位和借位,相当于异或运算。

例 4.1 假设要发送的数据为 101110,采用 CRC 的生成多项式是 $G(x)=x^3+1$,请问:

(1)冗余码和发送的码字分别是什么?

(2)若收到的数据序列是 100010011,请判断是否有错?

解析:

已知发送的信息 $M=101110$,生成多项式对应的除数 $G=1001$。

(1)经过除法运算,如图 4.8 所示,得到冗余码为 $R=011$,所以发送的码字是101110011。

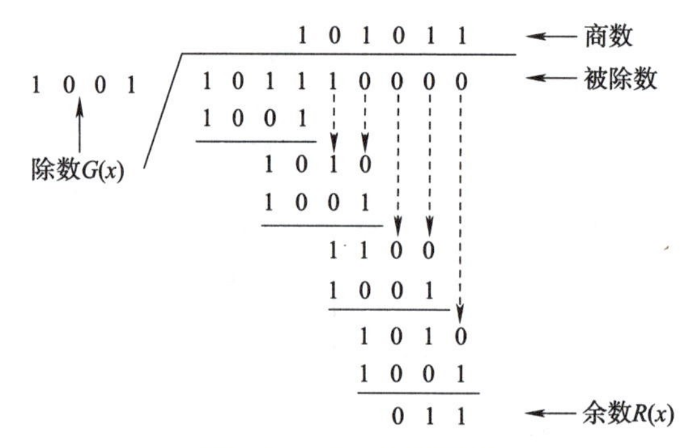

图 4.8 CRC 计算示例

(2)如图 4.9 所示,用除数 G 去除收到的数据序列 100010011,得到的结果是 101,不是全零,所以收到的数据序列有错。

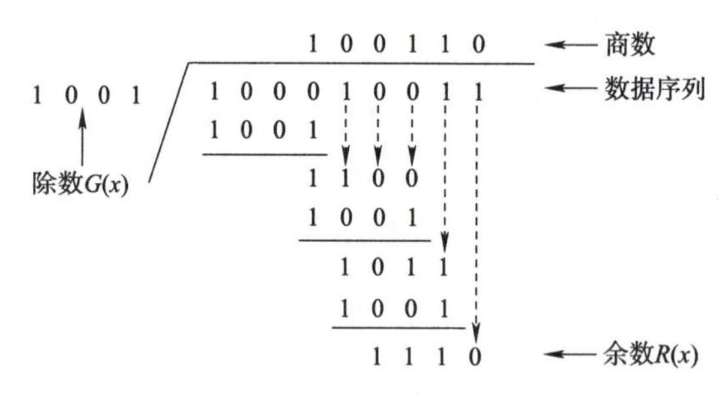

图 4.9 CRC 校验接收的数据

需要注意的是,余数为 0 并不能断定传输中一定没错。在某些非常特殊的位差错组合下,CRC 完全有可能使余数为 0,所以其检错率并非 100%。经过精心设计和实际检验,目前国际上已被标准化的生成多项式 $G(x)$ 主要有:

CRC-8:x^8+x^2+x+1;

CRC-12:$x^{12}+x^{11}+x^3+x^2+x+1$;

CRC-16:$x^{16}+x^{15}+x^2+1$;

CRC-ITU(CRC_CCITT):$x^{16}+x^{12}+x^5+1$;

CRC-32：$x^{32}+x^{26}+x^{23}+x^{22}+x^{16}+x^{12}+x^{11}+x^{10}+x^{8}+x^{7}+x^{5}+x^{4}+x^{2}+x+1$。

它们在实际通信中得到广泛的应用，如 CRC-8 被用于 ATM 信元头差错校验中，CRC-16 被用于二进制同步传输规程中，CRC-ITU 被用于 HDLC 通信规程中，CRC-32 被用于 IEEE802.3 以太网的数据链路层通信中。

4.3.2　CRC 计算的编程方法

首先，分析计算思路。从 CRC 竖式计算过程可以看出，CRC 编码实际上是一个循环移位的模 2 运算。对于 CRC-8，其生成多项式是 x^8+x^2+x+1，即 100000111。假设有一个 9 位的寄存器，通过反复移位和进行 CRC 除法，最终该寄存器中的值去掉最高一位就是所需余数。其伪代码可以描述如下：

```
//crc 是 1 个 9 位寄存器
对原始数据 in 后面添加 8 个 0
将 crc 中的值置为 0
while(数据未处理完)
begin
      if(crc 最高位是 1)
           crc=crc XOR 100000111
      把 crc 中的值左移一位
      从 in 中读取一位新数据，并置于 crc 的 0 位
end
```

最后，crc 中后 8 位就是经过 CRC-8 校验的余数。

总体上，CRC 编程方法有三种，即按比特计算、按字节计算和按 4 比特计算方法，后两者多采用查表方法。

(1)按比特计算。

以 CRC-ITU 为例，其简记式为 0x1021。注意，由于生成多项式的最高幂次项的系数固定为 1，所以在简记式中，将最高的 1 统一去掉。

下面给出一段 C 语言程序：

```
U16 crc_cal(bit * in, U32 cnt)
{
    U16 crc = 0;
    while(cnt--)
    {
        bool tmp = (crc >> 15) ^ * in;
        crc <<= 1;
        if(tmp)
            crc ^= 0x1021;
        in ++;
    }
    return crc;
}
```

(2)查表计算。

显然,按比特计算的方法效率很低。下面介绍查表计算,即按字节计算的方法,并给出C++语言程序。

假设当前的 crc 值是 1011 1001,现在要输入 4 位数据 1101,其生成多项式是 00000111。

其结果是:(CRC(l)<<4)^table[CRC(h)^in]。

因为是 4 位,表的大小是 16。表的内容可以根据 $G(X)$ 预先计算。

这里举例用的 4 位,基于字节的方法可以参照。

```
U16 crc_tab[256]= {...};
U16 crc_cal(U8 * ptr, U32 cnt)
{
    U16 crc = 0;
    U8  da;
    while (cnt--)
    {
        da = crc >> 8;   // CRC(h)
        crc <<= 8;
        crc ^= crc_tab[da ^ * ptr++];
    }

    return crc;
}
```

下面给出一个计算 8 位表值的程序:

```
#define GX 0x1021
voidgetCrc()
{
    WORD table[256];

    for(int i =0; i<256; i++)
    {
        WORD crc = i << 8;
        for(int n=0; n<8; n++)
        {
            bool tmp = crc & (1<<15) ? true : false;
            crc <<= 1;
            if(tmp)
                crc ^= GX;
        }
        table   = crc;
    }
}
```

该程序运行后,可以得到如下内容:

```
U16 table[256]=
{
    0x0000, 0x1021, 0x2042, 0x3063, 0x4084, 0x50A5, 0x60C6, 0x70E7,
    0x8108, 0x9129, 0xA14A, 0xB16B, 0xC18C, 0xD1AD, 0xE1CE, 0xF1EF,
    0x1231, 0x0210, 0x3273, 0x2252, 0x52B5, 0x4294, 0x72F7, 0x62D6,
    0x9339, 0x8318, 0xB37B, 0xA35A, 0xD3BD, 0xC39C, 0xF3FF, 0xE3DE,
    0x2462, 0x3443, 0x0420, 0x1401, 0x64E6, 0x74C7, 0x44A4, 0x5485,
    0xA56A, 0xB54B, 0x8528, 0x9509, 0xE5EE, 0xF5CF, 0xC5AC, 0xD58D,
    0x3653, 0x2672, 0x1611, 0x0630, 0x76D7, 0x66F6, 0x5695, 0x46B4,
    0xB75B, 0xA77A, 0x9719, 0x8738, 0xF7DF, 0xE7FE, 0xD79D, 0xC7BC,
    0x48C4, 0x58E5, 0x6886, 0x78A7, 0x0840, 0x1861, 0x2802, 0x3823,
    0xC9CC, 0xD9ED, 0xE98E, 0xF9AF, 0x8948, 0x9969, 0xA90A, 0xB92B,
    0x5AF5, 0x4AD4, 0x7AB7, 0x6A96, 0x1A71, 0x0A50, 0x3A33, 0x2A12,
    0xDBFD, 0xCBDC, 0xFBBF, 0xEB9E, 0x9B79, 0x8B58, 0xBB3B, 0xAB1A,
    0x6CA6, 0x7C87, 0x4CE4, 0x5CC5, 0x2C22, 0x3C03, 0x0C60, 0x1C41,
    0xEDAE, 0xFD8F, 0xCDEC, 0xDDCD, 0xAD2A, 0xBD0B, 0x8D68, 0x9D49,
    0x7E97, 0x6EB6, 0x5ED5, 0x4EF4, 0x3E13, 0x2E32, 0x1E51, 0x0E70,
    0xFF9F, 0xEFBE, 0xDFDD, 0xCFFC, 0xBF1B, 0xAF3A, 0x9F59, 0x8F78,
    0x9188, 0x81A9, 0xB1CA, 0xA1EB, 0xD10C, 0xC12D, 0xF14E, 0xE16F,
    0x1080, 0x00A1, 0x30C2, 0x20E3, 0x5004, 0x4025, 0x7046, 0x6067,
    0x83B9, 0x9398, 0xA3FB, 0xB3DA, 0xC33D, 0xD31C, 0xE37F, 0xF35E,
    0x02B1, 0x1290, 0x22F3, 0x32D2, 0x4235, 0x5214, 0x6277, 0x7256,
    0xB5EA, 0xA5CB, 0x95A8, 0x8589, 0xF56E, 0xE54F, 0xD52C, 0xC50D,
    0x34E2, 0x24C3, 0x14A0, 0x0481, 0x7466, 0x6447, 0x5424, 0x4405,
    0xA7DB, 0xB7FA, 0x8799, 0x97B8, 0xE75F, 0xF77E, 0xC71D, 0xD73C,
    0x26D3, 0x36F2, 0x0691, 0x16B0, 0x6657, 0x7676, 0x4615, 0x5634,
    0xD94C, 0xC96D, 0xF90E, 0xE92F, 0x99C8, 0x89E9, 0xB98A, 0xA9AB,
    0x5844, 0x4865, 0x7806, 0x6827, 0x18C0, 0x08E1, 0x3882, 0x28A3,
    0xCB7D, 0xDB5C, 0xEB3F, 0xFB1E, 0x8BF9, 0x9BD8, 0xABBB, 0xBB9A,
    0x4A75, 0x5A54, 0x6A37, 0x7A16, 0x0AF1, 0x1AD0, 0x2AB3, 0x3A92,
    0xFD2E, 0xED0F, 0xDD6C, 0xCD4D, 0xBDAA, 0xAD8B, 0x9DE8, 0x8DC9,
    0x7C26, 0x6C07, 0x5C64, 0x4C45, 0x3CA2, 0x2C83, 0x1CE0, 0x0CC1,
    0xEF1F, 0xFF3E, 0xCF5D, 0xDF7C, 0xAF9B, 0xBFBA, 0x8FD9, 0x9FF8,
    0x6E17, 0x7E36, 0x4E55, 0x5E74, 0x2E93, 0x3EB2, 0x0ED1, 0x1EF0
};
```

下面给出了用C#语言实现CRC-16校验程序片段：

```
public class Crc16
{
    public Crc16() { }
    private const int CRC_LEN = 0;

    // Table of CRC values for high-order byte
    private readonly byte[] _auchCRCHi = new byte[]
```

```
{
    0x00, 0xC1, 0x81, 0x40, 0x01, 0xC0, 0x80, 0x41, 0x01, 0xC0,
    0x80, 0x41, 0x00, 0xC1, 0x81, 0x40, 0x01, 0xC0, 0x80, 0x41,
    0x00, 0xC1, 0x81, 0x40, 0x00, 0xC1, 0x81, 0x40, 0x01, 0xC0,
    0x80, 0x41, 0x01, 0xC0, 0x80, 0x41, 0x00, 0xC1, 0x81, 0x40,
    0x00, 0xC1, 0x81, 0x40, 0x01, 0xC0, 0x80, 0x41, 0x00, 0xC1,
    0x81, 0x40, 0x01, 0xC0, 0x80, 0x41, 0x01, 0xC0, 0x80, 0x41,
    0x00, 0xC1, 0x81, 0x40, 0x01, 0xC0, 0x80, 0x41, 0x00, 0xC1,
    0x81, 0x40, 0x00, 0xC1, 0x81, 0x40, 0x01, 0xC0, 0x80, 0x41,
    0x00, 0xC1, 0x81, 0x40, 0x01, 0xC0, 0x80, 0x41, 0x01, 0xC0,
    0x80, 0x41, 0x00, 0xC1, 0x81, 0x40, 0x00, 0xC1, 0x81, 0x40,
    0x01, 0xC0, 0x80, 0x41, 0x01, 0xC0, 0x80, 0x41, 0x00, 0xC1,
    0x81, 0x40, 0x01, 0xC0, 0x80, 0x41, 0x00, 0xC1, 0x81, 0x40,
    0x00, 0xC1, 0x81, 0x40, 0x01, 0xC0, 0x80, 0x41, 0x01, 0xC0,
    0x80, 0x41, 0x00, 0xC1, 0x81, 0x40, 0x00, 0xC1, 0x81, 0x40,
    0x01, 0xC0, 0x80, 0x41, 0x00, 0xC1, 0x81, 0x40, 0x01, 0xC0,
    0x80, 0x41, 0x01, 0xC0, 0x80, 0x41, 0x00, 0xC1, 0x81, 0x40,
    0x00, 0xC1, 0x81, 0x40, 0x01, 0xC0, 0x80, 0x41, 0x01, 0xC0,
    0x80, 0x41, 0x00, 0xC1, 0x81, 0x40, 0x01, 0xC0, 0x80, 0x41,
    0x00, 0xC1, 0x81, 0x40, 0x00, 0xC1, 0x81, 0x40, 0x01, 0xC0,
    0x80, 0x41, 0x00, 0xC1, 0x81, 0x40, 0x01, 0xC0, 0x80, 0x41,
    0x01, 0xC0, 0x80, 0x41, 0x00, 0xC1, 0x81, 0x40, 0x01, 0xC0,
    0x80, 0x41, 0x00, 0xC1, 0x81, 0x40, 0x00, 0xC1, 0x81, 0x40,
    0x01, 0xC0, 0x80, 0x41, 0x01, 0xC0, 0x80, 0x41, 0x00, 0xC1,
    0x81, 0x40, 0x00, 0xC1, 0x81, 0x40, 0x01, 0xC0, 0x80, 0x41,
    0x00, 0xC1, 0x81, 0x40, 0x01, 0xC0, 0x80, 0x41, 0x01, 0xC0,
    0x80, 0x41, 0x00, 0xC1, 0x81, 0x40
};

// Table of CRC values for low-order byte
private readonly byte[] _auchCRCLo = new byte[]
{
    0x00, 0xC0, 0xC1, 0x01, 0xC3, 0x03, 0x02, 0xC2, 0xC6, 0x06,
    0x07, 0xC7, 0x05, 0xC5, 0xC4, 0x04, 0xCC, 0x0C, 0x0D, 0xCD,
    0x0F, 0xCF, 0xCE, 0x0E, 0x0A, 0xCA, 0xCB, 0x0B, 0xC9, 0x09,
    0x08, 0xC8, 0xD8, 0x18, 0x19, 0xD9, 0x1B, 0xDB, 0xDA, 0x1A,
    0x1E, 0xDE, 0xDF, 0x1F, 0xDD, 0x1D, 0x1C, 0xDC, 0x14, 0xD4,
    0xD5, 0x15, 0xD7, 0x17, 0x16, 0xD6, 0xD2, 0x12, 0x13, 0xD3,
    0x11, 0xD1, 0xD0, 0x10, 0xF0, 0x30, 0x31, 0xF1, 0x33, 0xF3,
    0xF2, 0x32, 0x36, 0xF6, 0xF7, 0x37, 0xF5, 0x35, 0x34, 0xF4,
    0x3C, 0xFC, 0xFD, 0x3D, 0xFF, 0x3F, 0x3E, 0xFE, 0xFA, 0x3A,
    0x3B, 0xFB, 0x39, 0xF9, 0xF8, 0x38, 0x28, 0xE8, 0xE9, 0x29,
    0xEB, 0x2B, 0x2A, 0xEA, 0xEE, 0x2E, 0x2F, 0xEF, 0x2D, 0xED,
    0xEC, 0x2C, 0xE4, 0x24, 0x25, 0xE5, 0x27, 0xE7, 0xE6, 0x26,
```

```
    0×22, 0×E2, 0×E3, 0×23, 0×E1, 0×21, 0×20, 0×E0, 0×A0, 0×60,
    0×61, 0×A1, 0×63, 0×A3, 0×A2, 0×62, 0×66, 0×A6, 0×A7, 0×67,
    0×A5, 0×65, 0×64, 0×A4, 0×6C, 0×AC, 0×AD, 0×6D, 0×AF, 0×6F,
    0×6E, 0×AE, 0×AA, 0×6A, 0×6B, 0×AB, 0×69, 0×A9, 0×A8, 0×68,
    0×78, 0×B8, 0×B9, 0×79, 0×BB, 0×7B, 0×7A, 0×BA, 0×BE, 0×7E,
    0×7F, 0×BF, 0×7D, 0×BD, 0×BC, 0×7C, 0×B4, 0×74, 0×75, 0×B5,
    0×77, 0×B7, 0×B6, 0×76, 0×72, 0×B2, 0×B3, 0×73, 0×B1, 0×71,
    0×70, 0×B0, 0×50, 0×90, 0×91, 0×51, 0×93, 0×53, 0×52, 0×92,
    0×96, 0×56, 0×57, 0×97, 0×55, 0×95, 0×94, 0×54, 0×9C, 0×5C,
    0×5D, 0×9D, 0×5F, 0×9F, 0×9E, 0×5E, 0×5A, 0×9A, 0×9B, 0×5B,
    0×99, 0×59, 0×58, 0×98, 0×88, 0×48, 0×49, 0×89, 0×4B, 0×8B,
    0×8A, 0×4A, 0×4E, 0×8E, 0×8F, 0×4F, 0×8D, 0×4D, 0×4C, 0×8C,
    0×44, 0×84, 0×85, 0×45, 0×87, 0×47, 0×46, 0×86, 0×82, 0×42,
    0×43, 0×83, 0×41, 0×81, 0×80, 0×40
};

/// <summary>
///获得 CRC16 校验码
/// </summary>
/// <param name="buffer"></param>
/// <returns></returns>
internal ushort CalculateCrc16(byte[] buffer)
{
    byte crcHi = 0xff;  // high crc byte initialized
    byte crcLo = 0xff;  // low crc byte initialized

    for (int i = 0; i < buffer.Length - CRC_LEN; i++)
    {
        int crcIndex = crcHi ^ buffer[i]; // calculate thecrc lookup index

        crcHi = (byte)(crcLo ^ _auchCRCHi[crcIndex]);
        crcLo = _auchCRCLo[crcIndex];
    }
    return (ushort)(crcHi << 8 | crcLo);
}

/// <summary>
///获得 CRC16 校验码
/// </summary>
/// <param name="strPar"></param>
/// <returns></returns>
public static string CalculateCrc16(string strPar)
{
    string retStr = new Crc16().CalculateCrc16(System.Text.Encoding.
```

```
Default.GetBytes(strPar)).ToString();
            while (retStr.Length < 5)
            {
                retStr = "0" + retStr;
            }
            return retStr;
        }
    }
```

4.3.3 CRC 编程示例

以下给出一个简单的 CRC 计算的程序界面,如图 4.10 所示。

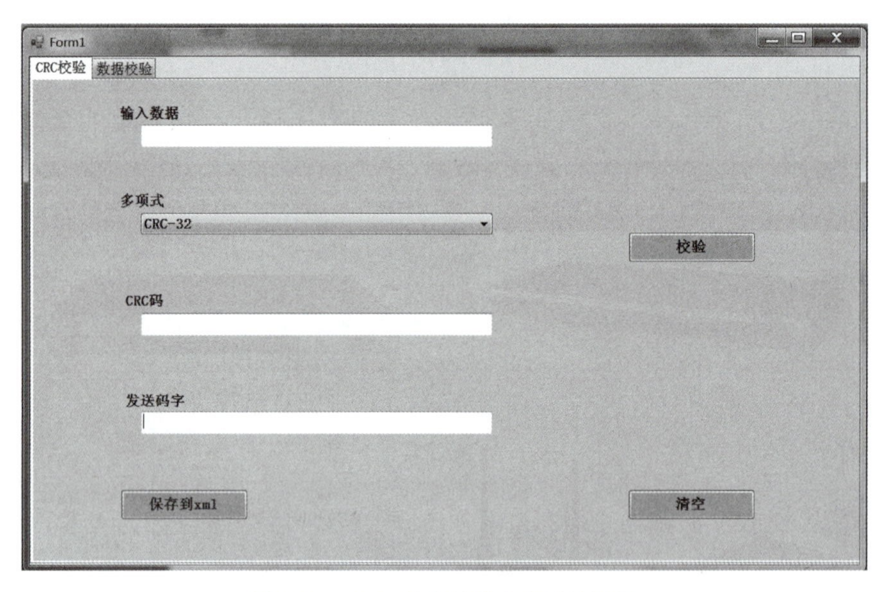

图 4.10 CRC 校验计算程序设计界面

该图有计算和校验两个功能界面。在计算界面,要求输入原始数据后,可以选择不同的生成多项式。这些多项式都来自国际标准,不能是自己定义的。单击“校验”按钮后,在界面上显示 CRC 计算结果和最终发送的码字。单击“保存到 xml” 按钮,能够把界面内容保存到 XML 格式的文件中。

小　　结

本章对应了开放系统互联(OSI)模型的数据链路层,其基本单位是帧。在定义的几种协议的帧结构中,都需要设计帧头帧尾和校验字段,前者为了帧的同步,后者为了数据的可靠性。首先,说明了标准规定的几种帧结构,描述了组帧的编程思路。接着,对循环冗余码的计算方法做了案例说明,并通过源代码说明,阐述了循环冗余码的编程思路和实现过程,最后给出了界面设计示例。通过本章的学习,学生能够在组帧原理及其编程方法、循环冗余码的计算及其实现方法两个方面,都获得良好的效果。

习　题

1. 常见的组帧技术有哪些？请比较其优缺点。

2. 针对图 4.11 序号为 14 的抓包截图，分析其数据包格式和内容。

```
No.   Time       Source         Destination    Protocol  Length  Info
13 2.380271   110.43.81.41   10.10.217.79   TCP       66 80 → 52689 [SYN, ACK] Seq=0 Ack=1 Win=8192 Len
14 2.380534   10.10.217.79   110.43.81.41   TCP       54 52689 → 80 [ACK] Seq=1 Ack=1 Win=131072 Len=0
15 2.381649   10.10.217.79   110.43.81.41   HTTP      567 POST /query?64118656 HTTP/1.1  (application/x-w

v Frame 14: 54 bytes on wire (432 bits), 54 bytes captured (432 bits) on interface \Device\NPF_{1E8B59DB-679B-4F42-9A19-340F7EB3119E}, id
    Section number: 1
  > Interface id: 0 (\Device\NPF_{1E8B59DB-679B-4F42-9A19-340F7EB3119E})
    Encapsulation type: Ethernet (1)
    Arrival Time: Jan 13, 2025 09:58:26.461306000 中国标准时间
    UTC Arrival Time: Jan 13, 2025 01:58:26.461306000 UTC
    Epoch Arrival Time: 1736733506.461306000
    [Time shift for this packet: 0.000000000 seconds]
    [Time delta from previous captured frame: 0.000263000 seconds]
    [Time delta from previous displayed frame: 0.000263000 seconds]
    [Time since reference or first frame: 2.380534000 seconds]
    Frame Number: 14
    Frame Length: 54 bytes (432 bits)
    Capture Length: 54 bytes (432 bits)
    [Frame is marked: False]
    [Frame is ignored: False]
    [Protocols in frame: eth:ethertype:ip:tcp]
    [Coloring Rule Name: HTTP]
    [Coloring Rule String: http || tcp.port == 80 || http2]
v Ethernet II, Src: Intel_e0:79:5f (bc:f1:71:e0:79:5f), Dst: HuaweiTechno_3d:12:07 (dc:ef:80:3d:12:07)
  > Destination: HuaweiTechno_3d:12:07 (dc:ef:80:3d:12:07)
  > Source: Intel_e0:79:5f (bc:f1:71:e0:79:5f)
    Type: IPv4 (0x0800)
> Internet Protocol Version 4, Src: 10.10.217.79, Dst: 110.43.81.41
> Transmission Control Protocol, Src Port: 52689, Dst Port: 80, Seq: 1, Ack: 1, Len: 0
```

图 4.11　习题 2

3. 如上题，其中的源 MAC 地址表示为 HuaweiTechno_3d:12:07（dc:ef:80:3d:12:07），其中的 HuaweiTechno 和 dc:ef:80 是什么关系？表示什么含义？

4. 按照标准规定，零比特填充法采用了 0x7E 作为帧头帧尾做标记。如果任由自己想象，你认为还有哪些数据比较适合做此标记？

5. 循环冗余码能够用于检错，在接收方检测出非 0 时，判断接收数据有错。如果检测结果为 0，则接收数据是否正确？请说明理由。

6. 观察图 4.12 的抓包截图，以太网 II 的 Type 和 Padding 字段和内容，分别表示哪些含义？

```
v Frame 45078: 60 bytes on wire (480 bits), 60 bytes captured (480 bits) on interface \Device\NPF_{1E8B59DB
    Section number: 1
  > Interface id: 0 (\Device\NPF_{1E8B59DB-679B-4F42-9A19-340F7EB3119E})
    Encapsulation type: Ethernet (1)
    Arrival Time: Jan 13, 2025 10:16:48.680244000 中国标准时间
    UTC Arrival Time: Jan 13, 2025 02:16:48.680244000 UTC
    Epoch Arrival Time: 1736734608.680244000
    [Time shift for this packet: 0.000000000 seconds]
    [Time delta from previous captured frame: 9.209950000 seconds]
    [Time delta from previous displayed frame: 9.209950000 seconds]
    [Time since reference or first frame: 1104.599472000 seconds]
    Frame Number: 45078
    Frame Length: 60 bytes (480 bits)
    Capture Length: 60 bytes (480 bits)
    [Frame is marked: False]
    [Frame is ignored: False]
    [Protocols in frame: eth:ethertype:ip:tcp]
    [Coloring Rule Name: TCP SYN/FIN]
    [Coloring Rule String: tcp.flags & 0x02 || tcp.flags.fin == 1]
v Ethernet II, Src: HuaweiTechno_3d:12:07 (dc:ef:80:3d:12:07), Dst: Intel_e0:79:5f (bc:f1:71:e0:79:5f)
  > Destination: Intel_e0:79:5f (bc:f1:71:e0:79:5f)
  > Source: HuaweiTechno_3d:12:07 (dc:ef:80:3d:12:07)
    Type: IPv4 (0x0800)
    Padding: 000000000000
```

图 4.12　习题 6

7. 对比分析以下帧的结构：Ethernet V2 帧、HDLC 帧、PPP 帧，其主要差异何在？

8. 分析无线局域网帧的数据结构，与以太网标准相比，有何明显不同点？

第5章 局域网协议仿真设计与实现

局域网在日常生活和工作中用途广泛。典型的局域网协议有两种：一是总线型局域网，采用带冲突检测的载波监听多路访问（carrier sense multiple access with collision detection，CSMA/CD）协议；二是无线局域网，采用带冲突避免的载波感应多路访问（carrier sense multiple access with collision avoidance,CSMA/CA)协议,CSMA/CA协议利用ACK信号来避免冲突的发生。在全双工的高速交换网络环境下，CSMA/CD协议已不再需要。在局域网系统构建中，透明网桥的转发表生成非常重要。因此，需要针对局域网协议的工作原理进行仿真，来提升局域网的设计水平。

学习目标

(1)具备CSMA/CD协议的分析和模拟设计能力。

(2)具备CSMA/CA协议的分析和模拟设计能力。

(3)编程实现透明网桥的自学习算法,能够构造转发表。

5.1 CSMA/CD协议的模拟实现

CSMA/CD方法用来解决多个结点共享公用总线的问题。在以太网中,任何结点都没有可预约的发送时间,这种介质访问控制属于随机争用型方法。

5.1.1 CSMA/CD协议的工作原理

CSMA/CD协议的工作原理是：发送数据前,先侦听信道是否空闲。若空闲,则立即发送数据。在发送数据时,边发送边继续侦听。若侦听遇到冲突,则立即停止发送数据,等待一段随机时间,再重新尝试。可总结为:先听后发,边发边听,冲突停发,随机延迟后重发。

性能指标主要包括信道利用率、吞吐量、介质利用率等。

CSMA/CD的主要影响因素为传播时延、工作站数等,其特点表现为:

①CSMA/CD对站点个数不是很敏感,对实际的输入负载比较敏感。

②CSMA/CD对传播时延比较敏感。

③CSMA/CD冲突不可避免。

④CSMA/CD 的介质利用率随传播时延的上升下降较快。

⑤CSMA/CD 适合通信量不大,交互频繁的场合。

⑥对于 CSMA/CD 帧越长,吞吐量越大,要求帧具有最小长度,当有许多短消息时,带宽浪费严重。

⑦CSMA/CD 在轻负载时提供最短延迟,但对重负载敏感。

下面分别叙述以太网帧的发送和接收过程。

(1)以太网帧的发送流程。

①载波侦听过程。以太网中每个结点利用总线发送数据,总线是每个结点共享的公共传输介质。所以结点在发送一个帧前,必须侦听总线是否空闲。由于以太网的数据采用曼彻斯特编码方式,所以可以通过判断总线电平是否跳变来确定总线是否空闲。若总线空闲,就可以启动发送,否则继续侦听。

②冲突检测。在数据发送过程中,可能会产生冲突(冲突是指总线上同时出现两个或两个以上的发送信号,它们叠加后的信号波形与任何发送结点的输出波形都不相同)。因为可能有多个主机都在侦听总线,当它们侦听到总线空闲时,就会往总线上发送数据。所以在发送数据的过程中,也应该进行冲突检测,只要发现冲突就应该立即停止发送数据。

③随机延迟后重发。在检测到冲突,停止发送后,结点进行随机延迟后重发。若发 16 次后还没成功,则宣告发送失败,取消该帧的发送。随机延迟的算法一般采用截断的二进制指数退避算法。当出现线路冲突时,如果冲突的各站点都采用同样的退避间隔时间,则很容易产生二次、三次的碰撞。因此,各个站点的退避间隔时间应具有差异性,这就要求通过退避算法来实现。当一个站点发现线路忙时,要等待一个延时时间 M,然后再进行侦听工作。

延时时间 M 由以下算法决定:$M=2^k \times R \times a$。其中 a 为冲突窗口值(冲突窗口为总线最大长度和电磁波在介质中传播速度比值的两倍),R 为随机数,k 的取值为 $k=\min(n,16)$,n 为该帧已被发送的次数。

图 5.1 所示为以太网帧的发送流程。

(2)以太网帧的接收流程。

以太网帧的接收流程大致可以分为以下三个步骤:

①检查是否发生冲突,若发生冲突,则丢弃该帧;若没有冲突,进入下一步。

②检查该帧的目的地址,看是否可以接收该帧,若可以接收,则进入下一步。

③检查 CRC 校验和 LLC 数据长度。若都正确,接收该帧,否则丢弃。

5.1.2　以太网结点的数据发送程序设计

(1)设计要求。

①在一台计算机上实现,用多个程序或线程来模拟多个计算机。

②总线可以使用一个共享数据区、共享内存或者文件来模拟。

③模拟实现载波监听的过程。

④模拟实现发生冲突的过程和冲突的处理机制。

(2)设计思路。

可以采用多线程方法模拟多个结点发送。程序产生冲突主要取决于各线程能否交叉执

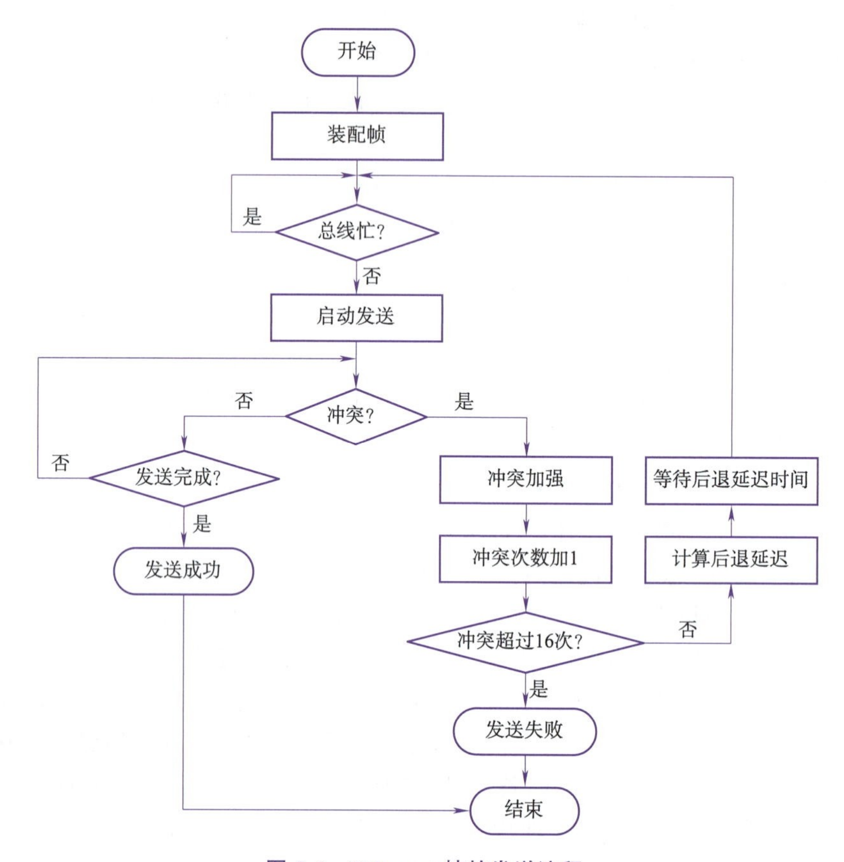

图 5.1 Ethernet 帧的发送流程

行,具体又取决于 CPU 数、每一线程需要运行的时间等。对于冲突模拟,可以在程序中加入延时。具体思路:

①用两个线程 a 和 b 来模拟以太网上的两台主机。

②用一个双字类型变量 Bus 来模拟总线(将其初始化为“/0”,并且总线等于“/0”时表示总线空闲)。

③两个子线程向总线发送自己的数据。数据用该线程的线程信号进行模拟,发送数据用线程号和 Bus 的“或”操作进行模拟(即 Bus=Bus/ID,ID 为该线程的线程号)。

④每台主机须向总线成功发送 10 次数据,如果其中某次数据发送失败,则该线程结束。

⑤发送流程须遵循 CSMA/CD。随机延迟算法中的冲突窗口取 0.005。在数据发送成功(即 Bus = = ID)后,报告“ID send success”,产生冲突(即 Bus! = ID)后,报告“ID send collision”,发送失败(即冲突计数器值为 0)后,报告“ID send failure”。随着主机发送成功次数的增加,报告其已发送成功的次数,如“主机 A 发送成功次数=3”。

(3)C 语言核心代码分析。

```
int i=0;                                  //发送成功次数
int CollisionCounter=16;                  //冲突计数器初始值为 16
double CollisionWindow=0.005;             //冲突窗口值取值 0.005
int randNum=rand()% 3;                    //随机数
loop: if(Bus==0)                          //总线空闲
```

```
{
    Bus=Bus/ID1;                              //模拟发送包
    Sleep(12);
    if (Bus==ID1)                             //无冲突
    {
        printf("% d Send Success\n\n",ID1);  //发送成功
        Bus=0;                                //内存清零
        CollisionCounter=16;                  //复原冲突计数器
        Sleep(rand()% 10);                    //随机延时
        i++;
        printf("主机 a 发送成功次数=% d\n\n",i);
        if(i<10)
            goto loop;                        //发送次数不够 10 次,开始下一次发送
    }
    else
    {
        printf("% d Send Collision\n\n",ID1); //发生冲突
        CollisionCounter--;
        Bus=0;
        if(CollisionCounter>0)
        {
            //随机延迟重发,延迟算法用截断的二进制指数退避算法
            Sleep(randNum* (int)pow(2,(CollisionCounter>10)? 10: CollisionCounter)*
CollisionWindow);
            goto loop;                        //下一次尝试发送
        }
        else
            printf("% d Send Failure\n\n", ID1);
    }
}
else                                          //总线忙
    goto loop;                                //继续载波监听
return 0;
```

针对以上程序,分析 Sleep 函数的使用要点:

①Sleep(12):表示线程的发送时延为 12 ms。如果改变该值,就能够观察不同时延对冲突的影响。

对于其他线程,为避免多个线程 Sleep 设置完全一致而产生冲突,可以在接入和监听阶段调整程序,例如,对于线程 2,可以修改其程序为:

```
if(Bus==0)//总线空闲
{
    Sleep(2);
    Bus=Bus/ID2;//模拟发包
```

```
    Sleep(3);
    if(Bus==ID2)//无冲突
    {//发送成功处理}
    //其他程序
}
```

Sleep(2)表示随机接入时间,也可用随机函数模拟其他用户随机接入,能够减少冲突的概率。例如改为 Sleep(rand()%x),x 不能超过争用期 51.2 ms。

Sleep(3)表示从发包到监测到信道忙之间的时间。按照 CSMA/CD 协议,争用期和检测到信道忙有着重要关系,因此上述时间 x 和该时间之和不能超过争用期。

②Sleep(rand()%10):表示确认一数据帧发送成功后随机等待一个不超过 10 ms 的时间。此处是模拟的帧间隙,即发送成功后等待一帧间隙继续准备发送下一帧。考虑到 CSMA/CD 协议的帧间隙固定为 9.6 μs,改进程序应改为 Sleep(0.0096)。

③Sleep(randNum*(int)pow(2.0,(CollisionCounter>10)? 10:CollisionCounter)*CollisionWindow):表示检测到冲突、停止发送后,结点进行随机延迟后重发。随机延迟采用截断二进制指数后退算法。

CollisionCounter 为该帧已被发送的次数,CollisionWindow 为冲突窗口值。若改变这些参数值,也能够观察到不同的发送效果。

5.2 CSMA/CA 的模拟设计

本节包含 CSMA/CA 的两部分内容,首先是原理描述,然后给出一个基于 MATLAB 的模拟程序。

5.2.1 CSMA/CA 的工作原理

802.11 标准为数据帧定义了不同的信道使用优先级,使用三种不同的时间参数:短帧间隔 SIFS、长帧间隔 DIFS 和点协同间隔 PIFS。SIFS 最短,使用它作为等待时延的结点将用最高的信道使用优先级来发送数据帧。网络中的控制帧以及对所接收数据的确认帧都采用 SIFS 作为发送之前的等待时延。DIFS 最长,所有的数据帧都采用 DIFS 作为等待时延。PIFS 具有中等级别的优先级,主要作为 AP 定期向服务区内发送管理帧或探测帧所用的等待时延。

CSMA/CA 协议的工作原理如图 5.2 所示。

CSMA/CA 协议的主要工作流程是:

(1)当主机需要发送一个数据帧时,首先检测信道,在持续检测到信道空闲达一个 DIFS 之后,主机发送数据帧。接收主机正确接收到该数据帧,等待一个 SIFS 后马上发出对该数据帧的确认。若源站在规定时间内没有收到确认帧 ACK,就必须重传此帧,直到收到确认为止,或者经过若干次重传失败后放弃发送。

(2)当一个站检测到正在信道中传送的 MAC 帧首部的“持续时间”字段时,就调整自己的网络分配向量 NAV。NAV 指出了必须经过多少时间才能完成这次传输,才能使信道转入空闲状态。因此,信道处于忙态,或者是由于物理层的载波监听检测到信道忙,或者是由于

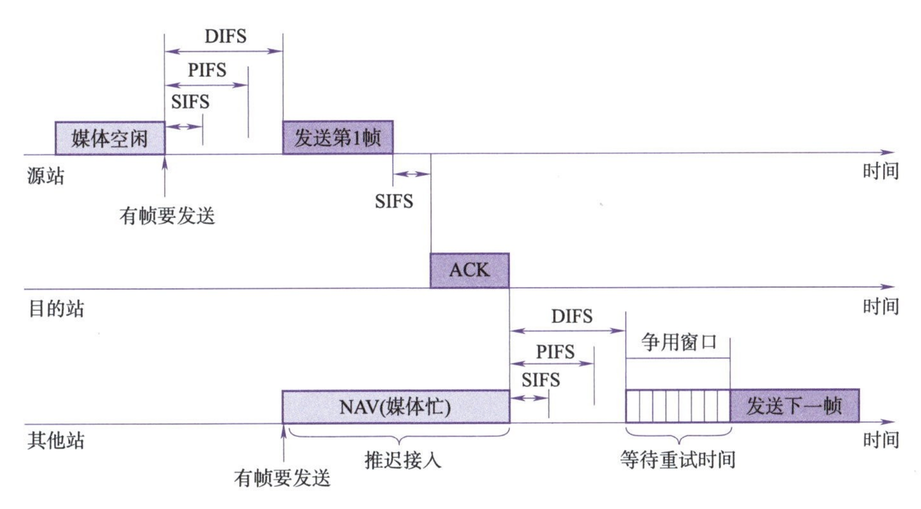

图 5.2　CSMA/CA 协议的工作原理

MAC 层的虚拟载波监听机制指出了信道忙。

可见,CSMA/CD 可以检测冲突,但无法避免冲突;对于 CSMA/CA,在发送包的同时不能检测到信道上有无冲突,只能尽量避免。CSMA/CD 和 CSMA/CA 的主要差别表现在:

(1)两者的传输介质不同:CSMA/CD 用于总线式以太网,而 CSMA/CA 用于无线局域网 802.11a/b/g/n 等。

(2)检测方式不同:CSMA/CD 通过电缆中电压的变化来检测,当数据发生碰撞时,电缆中的电压就会随着发生变化;CSMA/CA 采用能量检测(ED)、载波检测(CS)和能量载波混合检测三种检测信道空闲的方式。

(3)对于 WLAN 中的某个结点,其刚刚发出的信号强度要远高于来自其他结点的信号强度,也就是说它自己的信号会把其他的信号覆盖掉。

(4)在 WLAN 中,本结点处有冲突并不意味着在接收结点处就有冲突。

5.2.2　CSMA/CA 的模拟程序设计

下面先给出无争用期的 CSMA/CA 程序。

(1)以下为 Matlab 核心程序代码。

```
clear all;
close all;
clc;
%%%%%%%%%%%%%%%%%%%%%%%%%%%%%%%%%%%%%%%%%%%%%
步骤 1 : 初始化
%%%%%%%%%%%%%%%%%%%%%%%%%%%%%%%%%%%%%%%%%%%%%
TRUE = 1;                % 表示事件为真
FALSE = 0;               % 表示事件为假
ACK = 2.8;               % ACK 帧相当于 0.5 个时隙
SIFS = 10.5;             % SIFS 帧相当于 0.5 个时隙
DIFS = 12.5;             % DIFS 帧相当于 2.5 个时隙
```

```
SendEndTime = 0;          % 发送结束时间
NumberNodes =4;           % 参与竞争的结点数
SlotTime = 20* 10^(-3);              % 时隙
AllSlotTime = 15/SlotTime;           % 总时隙个数
BufferSize = 1500;                   % 帧缓冲区大小
ChannelBusyFlag = 0;                 % 信道忙闲标志
CollisionHandleFlag = 0;             % 冲突碰撞处理发送标志
ArrivalTime = zeros(1,NumberNodes);                  % 帧到达时间
FrameLength = zeros(1,NumberNodes) ;                 % 帧长
HasFrameFlag = zeros(1,NumberNodes);                 % 帧缓存有无帧标志
CountBackoff = zeros(1,NumberNodes);                 % 退避次数
BackoffTime = zeros(1,NumberNodes);                  % 退避时间
FrameBuffer = zeros(NumberNodes,1501);               % 帧缓冲器
CollisionNodes = zeros(1,NumberNodes+1);             % 冲突结点记录
CurBufferSize = zeros(1,NumberNodes);                % 当前帧缓冲区已用大小
sign = 1;
for i = 1:NumberNodes
    ArrivalTime(i) = ceil(20* rand());               % 初始化帧到达时间
    FrameLength(i) =10;                              % 初始化帧长度
    CountBackoff(i) = 0;                             % 初始化退避次数
    BackoffTime(i) =0;                               % 初始化退避时间
end
RecordBackoffTime=zeros(NumberNodes,AllSlotTime); % 记录站点的退避时间
RecordSendTime=zeros(NumberNodes,100,3);             % 记录数据发送过程
SendNodeIndex=zeros(1,NumberNodes);                  % 记录数据发送过程下标
%%%%%%%%%%%%%%%%%%%%%%%%%%%%%%%%%%%%%%%%%%%%
步骤 2:CSMA/CA 循环处理开始
%%%%%%%%%%%%%%%%%%%%%%%%%%%%%%%%%%%%%%%%%%%%
for t = 1:AllSlotTime
%%%%%%%%%%%%%%%%%%%%%%%%%%%%%%%%%%%%%%%%%%%%
步骤 2.1:帧进缓冲区,根据不同情况进行处理
%%%%%%%%%%%%%%%%%%%%%%%%%%%%%%%%%%%%%%%%%%%%
for i = 1:NumberNodes
        if t == ArrivalTime(i)                   % 有新的帧需要发送,则先放入缓冲区
            if CurBufferSize(i) < BufferSize - FrameLength(i)   % 如果帧缓冲区未满
                fprintf('第% d 个结点% d 时刻% d 长的帧进入缓冲区! \n',i, ArrivalTime(i),
FrameLength(i));
                FrameBuffer = FramePush(FrameBuffer,i,FrameLength(i));   % 则将
帧放入缓冲区,否则丢弃次帧
                CurBufferSize(i) = CurBufferSize(i) + FrameLength(i);    % 修改
当前缓冲区已存帧的总长度
                if HasFrameFlag(i) == FALSE         % 当缓冲区没有帧,此时有帧进入
                    HasFrameFlag(i) = TRUE;         % 把有帧标志设为 1
                   if ChannelBusyFlag== FALSE       % 当信道空闲
```

```
                    BackoffTime(i)=0;           % 退避时间置为 0
                else
                    BackoffTime(i)=SetBackoffTime(1);  % 否则退避时间置为一随
机时间
                end
            end
        end
        sign=sign+1;                                % 不断生成新的帧
        if sign<10
            ArrivalTime(i) =10 + 10 + t;
            FrameLength(i) = 10;
        end
    end
    fprintf('第% d时刻第% d个结点的退避时间为% d! \n',t,i, BackoffTime(i));
% 打印出退避时间
    if RecordBackoffTime(i,t)==0
        RecordBackoffTime(i,t)=BackoffTime(i);    % 记录退避时间
    end
end
%%%%%%%%%%%%%%%%%%%%%%%%%%%%%%%%%%%%%%%%%%%%
步骤2.2:统计此刻准备发送数据的结点
%%%%%%%%%%%%%%%%%%%%%%%%%%%%%%%%%%%%%%%%%%%%
for i = 1:NumberNodes
    if ChannelBusyFlag == FALSE                 % 信道闲
        if HasFrameFlag(i) == TRUE              % 有帧待发送且信道空闲
            if BackoffTime(i) == 0              % 如果退避时间为 0
                CollisionNodes = AddNode(CollisionNodes,i);   % 记录退避时间
为0的结点
                CollisionHandleFlag= TRUE;      % 冲突处理标志为真
                fprintf('第% d个结点% d时刻进入争用期! \n',i,t);
            else
                BackoffTime(i) = BackoffTime(i)-1;   % 退避时间不为 0,则退避时间
减1
            end
        end
    end
end
%%%%%%%%%%%%%%%%%%%%%%%%%%%%%%%%%%%%%%%%%%%%
步骤2.3:分情况处理统计的结点
%%%%%%%%%%%%%%%%%%%%%%%%%%%%%%%%%%%%%%%%%%%%
if CollisionHandleFlag == TRUE              % 有结点退避时间为 0
    n = CollisionNodes(1);                  % 参与碰撞结点个数
    if n == 1                               % 如果只有一个结点,可发送数据
        ChannelBusyFlag = TRUE;             % 信道置忙
```

```
            SendEndTime = floor(t + SIFS + DIFS + ACK + FrameBuffer(CollisionNodes
(2),2));% 计算发送完成时刻
            i = CollisionNodes(2);
            fprintf('第% d 个结点% d 时刻开始发送(帧长% d),预计发送结束时间% d! \n
',i,t,FrameBuffer(i,2),SendEndTime);
            [RecordSendTime SendNodeIndex] = RecordSend(RecordSendTime,SendNodeIndex,
i,t,SendEndTime, FrameBuffer(i,2));
                                            % 记录发送过程
        else                                % 后面以最大数据帧长度计算
            for  i = 1:n                    % 多个点试图同时发送
                j = CollisionNodes(i+1);    % 找出这些点
                CountBackoff(j) = Increase(CountBackoff,j);      % 碰撞次数加 1
                BackoffTime(j) = SetBackoffTime(CountBackoff(j)); % 更新退避时间
            end
            CollisionNodes = zeros(1,NumberNodes+1);    % 清除结点碰撞记录
        end
            CollisionHandleFlag=FALSE;                  % 碰撞处理标识置为 FALSE
      end
  %%%%%%%%%%%%%%%%%%%%%%%%%%%%%%%%%%%%%%%%%%%%%%
  步骤 2.4:当帧结束时,作出相应的处理
  %%%%%%%%%%%%%%%%%%%%%%%%%%%%%%%%%%%%%%%%%%%%%%
  if t == SendEndTime               % 达到数据发送完成时间
            n = CollisionNodes(2);  % 确定那个结点的帧在发送
            fprintf('第% d 个结点% d 时刻发送结束! \n',n,t);
            CurBufferSize(n) = CurBufferSize(n) - FrameBuffer(n,2);  % 更新缓冲
区已存数据的长度
            FrameBuffer = FramePop(FrameBuffer,n);     % 同时帧出栈
            CountBackoff(n) = 0;                       % 同时退避次数置 0
            k = FrameBuffer(n,1);                      % 求此时缓冲区帧数
            if k == 0                                  % 如果缓冲区无帧
                HasFrameFlag(n) = FALSE;               % 有无帧标识置 FALSE
                BackoffTime(n) = 0;                    % 退避时间置 0
            else                                       % 还有数据分发送
                BackoffTime(n) =SetBackoffTime(2);     % 否则,还有帧,更新碰撞时间
            end
            CollisionNodes = zeros(1,NumberNodes+1);   % 将碰撞结点记录清 0
            ChannelBusyFlag = FALSE;                   % 将信道忙标识置为 FALSE,即
空闲
     end                                               % 步骤 2 结束
  end
  %%%%%%%%%%%%%%%%%%%%%%%%%%%%%%%%%%%%%%%%%%%%%%
  Display ( RecordBackoffTime, RecordSendTime,  SendNodeIndex,  AllSlotTime,
NumberNodes,0);
  % 将 CSMA 过程记录下来,用动态图形显示碰撞过程
```

(2)运行效果。

图 5.3 表示了没有争用期的 CSMA/CD 动态退避仿真效果。其中,灰色表示数据的发送过程,深灰色表示退避时间冻结。

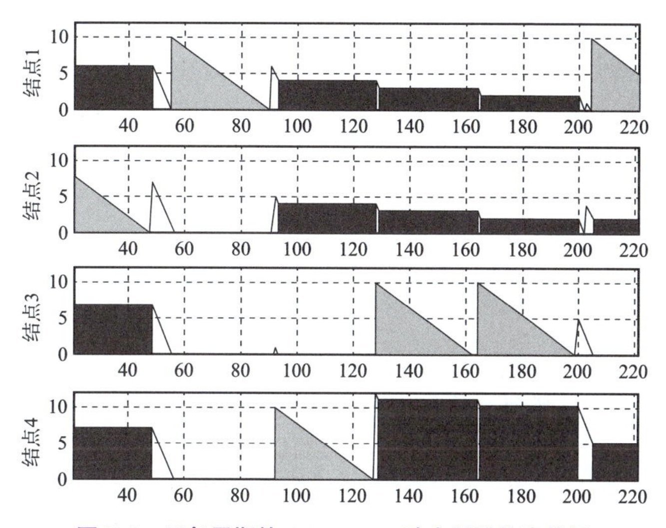

图 5.3　无争用期的 CSMA/CD 动态退避仿真效果

图 5.4 所示为有争用期的 CSMA/CD 动态退避仿真效果。其中,灰色表示数据的成功发送过程,深灰色表示退避时间冻结,黑色表示数据发送过程中发生碰撞。在争用期内,如果只有一个结点,则无碰撞,成功发送,为图中灰色部分。如果有两个结点及两个以上的结点发生碰撞,则数据传输发生碰撞。由于系统不具备碰撞检测能力,一旦发送数据,不管是否发生碰撞,都必须一次性发送完成,即图中黑色部分。

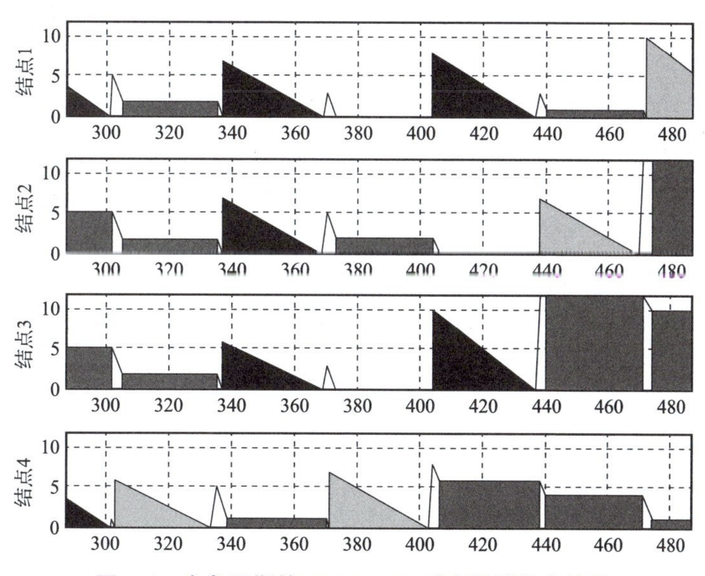

图 5.4　有争用期的 CSMA/CA 动态退避仿真效果

5.3 透明网桥

在数据链路层扩展局域网是使用网桥。网桥工作在数据链路层,它根据 MAC 帧的目的地址对收到的帧进行转发。网桥具有过滤帧的功能,当网桥收到一个帧时,并不是向所有的端口转发此帧,而是先检查此帧的目的 MAC 地址,然后再确定将该帧转发到哪一个端口。

目前使用得最多的网桥是透明网桥。“透明”是指局域网上的站点并不知道所发送的帧将经过哪几个网桥,因为网桥对各站来说是看不见的。透明网桥是一种即插即用设备,其标准是 IEEE 802.1(D)或 ISO 8802.1d。

5.3.1 透明网桥的自学习算法

当网桥刚接入时,转发表是空的,网桥通过逆向学习来获取转发信息并逐步建立转发表。所谓逆向学习,是指网桥通过检查达到帧的源地址及输入端口来发现目的结点及其对应的输出端口。以图 5.5 为例,如果网桥 B1 从端口 2 上收到一个源地址为 E 的帧,从而网桥 B1 知道有个目的结点 E 存在,并且可以通过端口 2 达到 E,这样网桥 B1 就得到了 E 的转发信息。随着收到的帧不断增多,转发表就逐渐建立完备。

对于未知的目的结点,网桥采用扩散法转发,即向所有其他端口(此帧进入网桥的端口除外)发送。一旦未知结点开始发送且发送的帧达到网桥,网桥就可以通过逆向学习法获取转发信息,填入转发表中,随后就可以按转发表来转发。

实际上,在网桥的转发表中写入的信息除了地址和接口外,还有帧进入该网桥的时间,要登记帧进入网桥的时间是因为以太网的拓扑可能会经常发生变化,站点也会更换适配器。另外,以太网上的工作站并非总是接通电源的。把每个帧到达网桥的时间登记下来,就可以在转发表中只保留网络拓扑的最新状态信息。具体方法是,网桥中的接口管理软件周期性地扫描转发表中的项目。只要在一定时间以前登记的都要删除。这样就使得网桥中的转发表能反映当前网络的最新拓扑状态。可见,网桥中的转发信息表并非总是包含所有站点的信息。只要某个站点从来都不发送数据,那么在网桥的转发表中就没有这个站点的项目。如果站点 A 在一段时间内不发送数据,那么在转发表中地址为 A 的项目就被删除了。

下面是网桥的自学习和转发帧的一般步骤:

(1)网桥收到一帧后先进行自学习。查找转发表中与收到帧的源地址有无匹配的项目。如果没有,就在转发表中增加一个项目;如果有,则对原有的项目进行更新。

(2)转发帧。查找转发表中与收到帧的源地址有无匹配的项目。如果没有,则通过所有其他接口进行转发;如果有,则按转发表中给出的接口进行转发。但应注意,若转发表中给出的接口就是该帧进入网桥的接口,则应丢弃这个帧。

到达帧的路由选择过程取决于发送的 LAN(源 LAN)和目的地所在的 LAN(目的 LAN)两项,如下所示:

①如果源 LAN 和目的 LAN 相同,则丢弃该帧。

②如果源 LAN 和目的 LAN 不同,则转发该帧。

③如果目的 LAN 未知,则进行扩散。

目前,转发表的查找和更新由专门的超大规模集成电路芯片完成,只需要几微秒就能完成一帧的转发和处理。

透明网桥使用了一个生成树算法，即互联在一起的网桥在进行彼此通信后，就能找出原来的网络拓扑的一个子集，在这个子集里整个连通的网络中不存在回路，即在任何两个站之间只有一条路径。一旦支撑树确定了，网桥就会将某些接口断开，以确保从原来的拓扑得出一个支撑树。

例 5.1　如图 5.5 所示，6 个站点通过透明网桥 B1 和 B2 连接到一个扩展的局域网上。初始时网桥 B1 和 B2 的转发表都是空的。假设需要传输的帧序列如下：

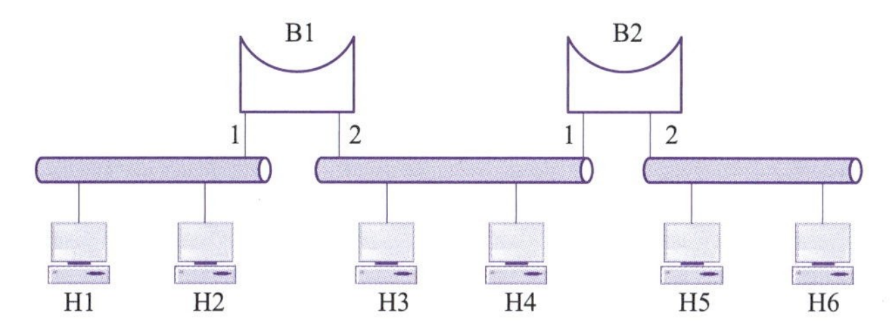

图 5.5　用两个网桥互联三个局域网

H2 传输给 H1；H5 传输给 H4；H3 传输给 H5；H1 传输给 H2；H6 传输给 H5。

假设转发表表项的格式为：[站点，端口]，请写出这些帧传输完成后网桥 B1 和 B2 的转发表。

解析：

在传输完成这些帧后，网桥 B1 和 B2 的转发表见表 5.1。

表 5.1　网桥 B1 和 B2 中的转发表

网桥 B1 中的转发表		网桥 B2 中的转发表	
站　点	端　口	站　点	端　口
H2	1	H2	1
H5	2	H5	2
H3	2	H3	1
H1	1	H6	2

5.3.2　透明网桥自学习算法的 C 语言实现

下面以图 5.5 为基本局域网络拓扑图，给出转发表生成的程序设计实例：

```
#include<stdio.h>
void main()
{
    char x1[3]={'A','B','C'};
    char x2[2]={'D','E'};
    char x3[3]={'F','G','H'};
    int a[][2]={0,0,0,0,0,0,0,0,0,0,0,0};
    int b[][2]={0,0,0,0,0,0,0,0,0,0,0,0};
    int i,j;
```

```
int m,n;
int k1=0;
int k2=0;
int t;

char x,y,k;
while(1)
{
printf("请输入源地址和目的地址 n");
scanf("% c% c",&x,&y);
for(i=0;i<3;i++)
    if(x1[i]==x) m=1;
for(i=0;i<2;i++)
    if(x2[i]==x) m=2;
for(i=0;i<3;i++)
    if(x3[i]==x) m=3;
switch(m)
{
    case 1:
    {
        for(i=0;i<k1;i++)
        if(a[i][0]==x) {break;}
        if(i==k1) {a[k1][0]=x;a[k1][1]=m;k1++;}//无记录,在网桥数组中插入源
地址
        for(i=0;i<k1;i++)//查找网桥数组中是否有目的地址
        {
            if(a[i][0]==y) {n=a[i][1]; break;}
        }
        if(i==k1) printf("网桥 1 中没有目的记录,向右转发 n");//不含有,转发
        else
        {
            if(m==n) {printf("网桥 1 丢弃 n");t=1;}//含有且在同一网段,丢弃
            else printf("不在同一网段,网桥 1 向右转发 n");//含有且不在同一网段,
转发
        }
        if(t! =1)
        {
            for(i=0;i<k1;i++)
                if(b[i][0]==x) {break;}
            if(i==k1) {b[k2][0]=x;b[k2][1]=m;k2++;}//没有记录,在网桥数组中
插入源地址
            for(i=0;i<k1;i++)//查找网桥数组中是否有目的地址
            {
                if(b[i][0]==y) {n=b[i][1]; break;}
```

```
            }
            if(i==k2) printf("网桥2中没有目的记录,向右转发n");//不含有,转发
            else
            {
                if(m==n) {printf("网桥2丢弃n");}//含有且在同一网段,丢弃
                else printf("不在同一网段,网桥2向右转发n");//含有且不在同一网
段,转发
            }
        }
        break;
        }
    case 2:
    {
        for(i=0;i<k1;i++)
            if(a[i][0]==x) {break;}
        if(i==k1)
    {
        a[k1][0]=x;a[k1][1]=m;k1++;
    }//没有记录,在网桥数组中插入源地址
    for(i=0;i<k1;i++)//查找网桥数组中是否有目的地址
    {
        if(a[i][0]==y) {n=a[i][1]; break;}
    }
    if(i==k1) printf("网桥1中没有目的记录,向左转发n");//不含有,转发
    else
    {
        if(m==n) {printf("网桥1丢弃n");}//含有且在同在一网段,丢弃
        else printf("不在同一网段,网桥1向左转发n");//含有且不在同一网段,转发
    }

    for(i=0;i<k2;i++)
        if(b[i][0]==x) {break;}
    if(i==k2) {b[k2][0]=x;b[k2][1]=m-1;k2++;}//没有记录,在网桥数组中插入源
地址
    for(i=0;i<k2;i++)//查找网桥数组中是否有目的地址
    {
        if(b[i][0]==y) {n=b[i][1]; break;}
    }
    if(i==k2) printf("网桥2中没有目的记录,向右转发n");//不含有,转发
    else
    {
        if(1==n) {printf("网桥2丢弃n");}//含有且在同一网段,丢弃
        else printf("不在同一网段,网桥2向右转发n");//含有且不在同一网段,转发
    }
```

```
            break;
        }
        case 3:
        {
            for(i=0;i<k2;i++)
                if(b[i][0]==x) {break;}
            if(i==k2) {b[k2][0]=x;b[k2][1]=m-1;k2++;}//没有记录,在网桥数组中插入源
地址
            for(i=0;i<k2;i++)//查找网桥数组中是否有目的地址
            {
                if(b[i][0]==y) {n=b[i][1]; break;}
            }
            if(i==k2) printf("网桥 2 中没有目的记录,向左转发 n");//不含有,转发
            else
            {
                if(2==n) {printf("网桥 2 丢弃 n");t=1;}//含有且在同一网段,丢弃
                else printf("不在同一网段,网桥 2 向左转发 n");//含有且不在同一网段,转发
            }
            if(t! =1)
            {
                 for(i=0;i<k1;i++)
                    if(a[i][0]==x) {break;}
                if(i==k1) {a[k1][0]=x;a[k1][1]=m-1;k1++;}//没有记录,在网桥数组中插
入源地址
                for(i=0;i<k1;i++)//查找网桥数组中是否有目的地址
                {
                    if(a[i][0]==y) {n=a[i][1]; break;}
                }
                if(i==k1) printf("网桥 1 中没有目的记录,向左转发 n");//不含有,转发
                else
                {
                    if(2==n) {printf("网桥 1 丢弃 n")};//含有且在同一网段,丢弃
                    else printf("不在同一网段,网桥 1 向左转发 n");//含有且不在同一网段,
转发
                }
            }
            break;
        }
        default: ;
    }

    putchar('n');
    printf("网桥 1n");
    for(i=0;i<k1;i++)
```

```
    {
        printf("% c  ",a[i][0]);
        printf("% d  ",a[i][1]);
        putchar('n');
    }
    printf("~~~~~~~~~~~~~~~~~~~~~~~n");
    printf("网桥 2n");
    for(i=0;i<k2;i++)
    {
        printf("% c  ",b[i][0]);
        printf("% d  ",b[i][1]);
        putchar('n');
    }
    scanf("% c",&k);
}
```

5.3.3　透明网桥自学习算法的 C#语言实现

采用 C#语言,能够轻松构造图形化界面。下面给出一个设计实例,如图 5.6 所示。

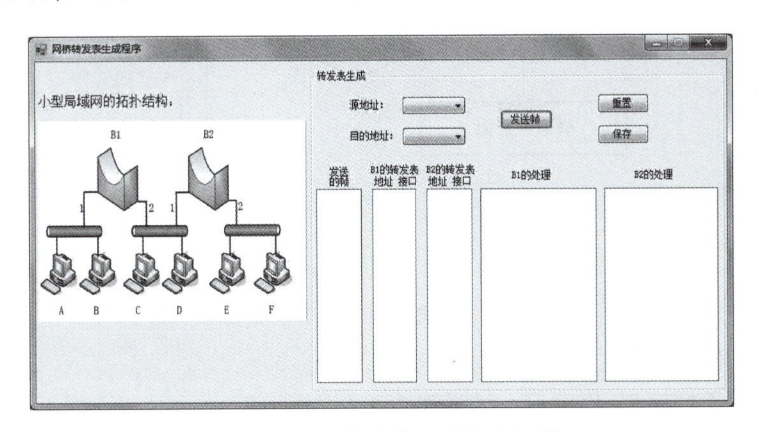

图 5.6　网桥转发表生成程序实例

(1)设计思路。

①当第一次发送帧,此时转发表为空,不管源地址与目的地址为 A、B、C、D、E、F 中的哪一个,都要登记到转发表。

②判断网桥 B1、B2 中是否登记过,如果登记过,则转发表为空,转发不登记;如果没有登记过,则登记到转发表并转发——如果源地址为 A 或 B,目的地址为 C、D、E、F、A、B 中的任何一个,输出源地址加端口号 1 登记到网桥 B1、B2 转发表下;如果源地址为 E 或 F,目的地址为 C、D、A、B、F、E 中的任何一个,输出源地址加端口号 2 登记到网桥 B1、B2 转发表下;如果源地址为 C,目的地址为 A、B、E、F、D 中的任何一个,输出源地址加端口号 2 登记到网桥 B1 转发表下,输出源地址加端口号 1 登记到网桥 B2 转发表下;如果源地址为 D,目的地址为 A、B、E、F、C 中的任何一个,输出源地址加端口号 2 登记到网桥 B1 转发表下,输出源地址加端口号 1 登记到网桥 B2 转发表下。

③单击“重置”按钮清空界面控件内容。

④单击“保存”按钮，把转发表的输出结果按格式顺序保存到TXT文件中。

总体流程如图5.7所示。

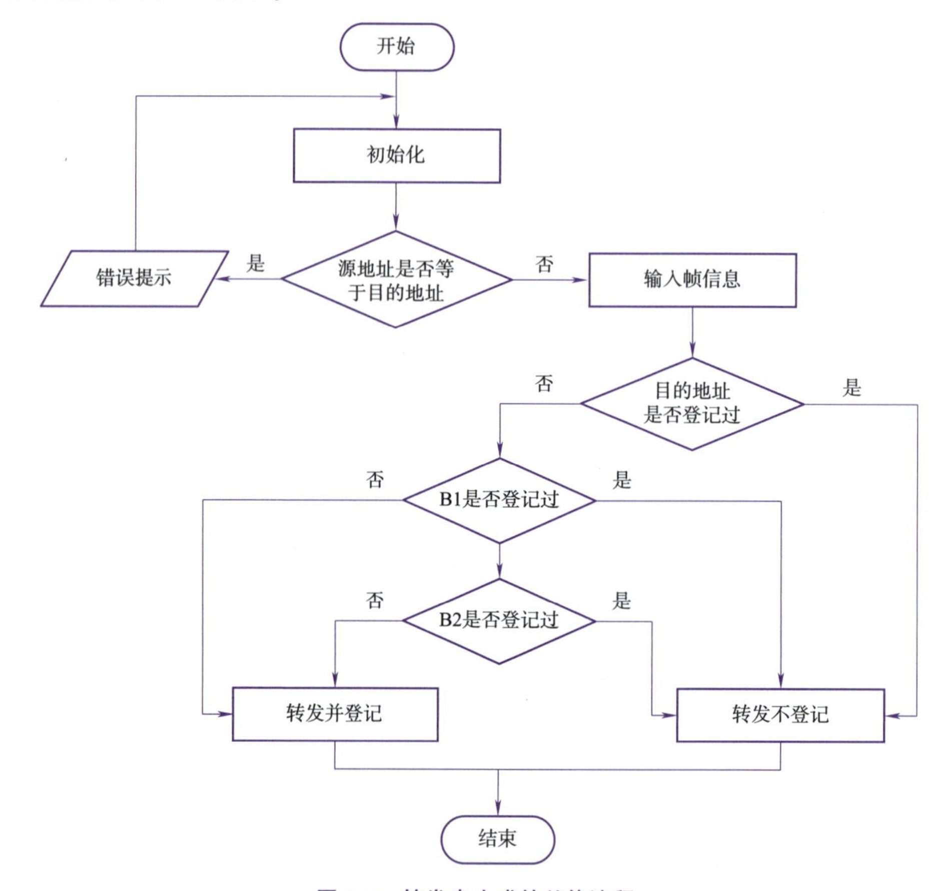

图5.7 转发表生成的总体流程

(2)运行效果。

给出以下发送帧序列，程序运行结果如图5.8所示。

A--->B，C--->A，F--->A，E--->B，E--->D，D--->A，……

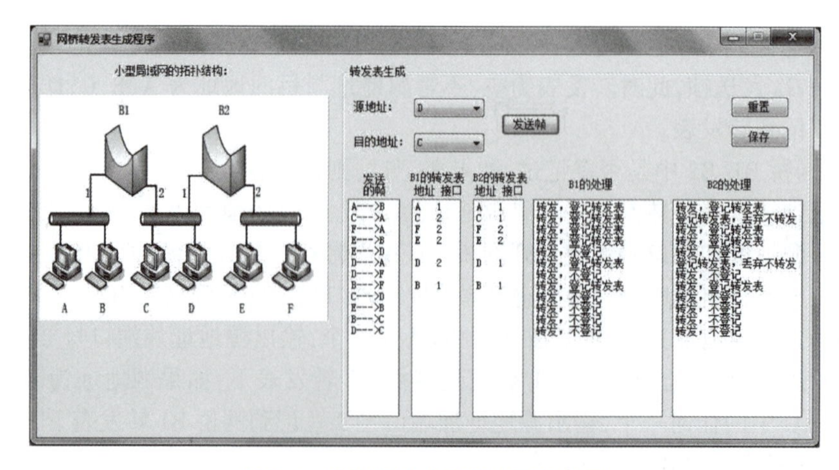

图5.8 转发表生成程序的运行效果

(3)核心代码与分析。

①判断源地址是否等于目的地址,如果相等,则提示不能相等并要求重新填写;如果不相等,则判断目的地址是否登记过,若登记过则 ISone=2,否则为 1。

```
if(S1==S2)
{
    MessageBox.Show("请重新填写！源主机不能等于目的主机");
    return;
}
else
{
    //显示发送的帧
    listBox1.Items.Add (S1 + "--- >" + S2);
    //获得发送帧的源主机,构成序列
    S = S + comboBox1.Text ;
    for (int i=0; i<S.Length ; i++ )
    {
        //判断目的地址是否登记过,若是,令 ISone=2;否则为 1
        if (S.Substring ( i, 1 ).CompareTo (S2) ==0 )
        {
            ISone =2;
            break;
        }
    }
}
```

②若目的地址登记过,则分别判断在网桥 B1、B2 中是否登记过。

```
else if (ISone ==2)
{
    string tmpSource="";
    bool IsB1 = false;              //表示网桥 1 的转发表中尚未登记该信息
    bool IsB2 = false;              //表示网桥 2 的转发表中尚未登记该信息
    for (int i = 0; i < listBox2.Items.Count; i++)
    {
        tmpSource = listBox2.Items[i].ToString().Substring(0, 1);
        if (S1 == tmpSource)
        {
            IsB1 = true;            //已登记过
            break;
        }
    for (int i = 0; i < listBox3.Items.Count; i++)
    {
        tmpSource = listBox3.Items[i].ToString().Substring(0, 1);
        if (S1 == tmpSource)
```

```
        {
            IsB2 = true;  //已登记过
            break;
        }
    }
```

③如果在网桥 B1 中登记过，则转发表为空，仅转发，不登记。如果在网桥 B2 中登记过，则转发表为空，仅转发，不登记。

```
if (IsB1 == true)              //网桥 1 不登记,仅转发
{
    list Box2.Items .Add ("     ") ;
    list Box4.Items .Add (P) ;
}
If (IsB2 == true)              //网桥 2 不登记,仅转发
{
    listBox3.Items .Add ("     ") ;
    listBox5.Items.Add (P) ;
}
if( ( ! IsBl)&&( ! IsB2) )     //如果都没有登记过
{
```

④如果在网桥 B1、B2 中都没登记过，则判断源地址和目的地址分别为 A、B、C、D、E、F 中的哪一个。若 B--->A，网桥 B1 接收到信息并转发，此时转发表为空的话，就登记源地址 B 和到达的接口 1(B1)。目的地址在转发表中没有，因此从端口 2 转发出去。网桥 B2 收到此帧，按同样的步骤处理，在转发表中加上源地址 B 和到达的接口 1(B1)，再把该帧从端口 2 转发出去直至丢弃。以此类推。

```
if (( ! IsB1)&&( ! IsB2) )     //如果都没有登记过
{
    If (S1 == "A" | | S1 == "B")
    {
        If (S2 == "C" | | S2 == "D")
        {
            listBox2.Items.Add (SI +"    1")
            listBox3.Items.Add (S1 +"    1")
            listBox4.Items.Add (T).
            listBox5.Items.Add (T).
        }
        else if (S2 == "E" | | s2 =="F" | | s2 == "A")
        {
            if (s2 == "A")
            {
                    listBox2.Items.Add (S1 + "    1") ;
                    listBox3.Items.Add (S1 + "    1") ;
```

```
            listBox4.Items.Add (T).
            listBox5.It ems.Add (T).
        }
        else
```

小 结

为了加深理解局域网工作原理,提升设计能力,本章给出了4个仿真设计案例。首先,针对以太网的工作原理,采用C语言进行仿真设计。针对无线网络的工作原理,采用MATLAB仿真进行算法分析和效果测试,给出了关键代码和仿真结果。在透明网桥方面,围绕其逆向学习原理和工作流程,重点描述了转发表的自动生成算法与实现方法。分别采用C语言和C#语言,阐述了转发表生成算法的编程要点和应用界面设计示例。这些编程案例具有典型性,对局域网协议的分析具有良好的启发作用。

习 题

1. 什么是透明网桥?请描述其特点和应用方法。

2. CSMA/CD协议,在何种条件下不再采用。

3. 如图5.9所示,11个站点通过透明网桥B1和B2连接到一个扩展的局域网上。初始时网桥B1和B2的转发表都是空的。假设发送的帧序列如下:H2--->H4、H1--->H8、H5--->H2、H7--->H1、H4--->H6、H8--->H5。请填写这些帧传输完成后,网桥B1和B2的转发表以及具体处理。处理类型有扩散、转发、登记、丢弃四种,登记信息要求填写具体内容。

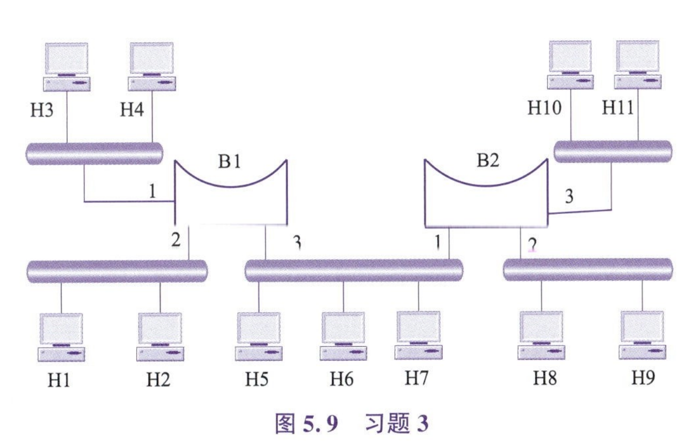

图5.9 习题3

4. 模拟CSMA/CD协议,实现以太网帧的发送功能,要求:

(1)具有良好的图形化界面和动态效果,能够显示多个主机的发送状态。

(2)结点数至少为3个,或者可以动态设置。

(3)可以调整冲突窗口值,例如将0.05调整为0.10。

(4)能够改变发送策略:由1坚持的CSMA改为p坚持的CSMA。当线路不忙时,根据p

概率进行发送。

(5)能够改变侦听策略:参考程序中线路忙时,继续侦听。改进程序的侦听策略是:线路忙时,先等待一段时间,再侦听。

(6)编程语言不限,还可以选择 MATLAB 或 OPNET 开发环境。

5. 参照书中 CSMA/CA 程序及其仿真效果,设计有争用期的 CSMA/CA 协议仿真程序,具有动态退避功能,要求:

(1)具有良好的图形化界面和动态效果。

(2)结点数至少为 4 个,或者可以动态设置。

(3)编程语言不限,还可以选择 MATLAB 或 OPNET 开发环境。

(4)能够计算误码率。

6. 实现透明网桥的基本功能,主要包括:

(1)具有图形化界面,能够配置网桥信息。

(2)能够输入帧信息,含源地址和目的地址。

(3)根据帧序列,能够自动更新转发表,并给出帧的转发结果。

(4)具有保存功能,能够查询转发表信息。

第 6 章 ARP 分析与程序设计

在 TCP/IP 协议族中，ARP 位于网络层，用于实现 IP 地址到 MAC 地址的映射功能。在主机上，通过执行 ARP-A 操作，能够查询 ARP 数据表，获得本机上保存的地址解析内容。 在网络攻防中，黑客通过修改 ARP 表中的映射关系，攻击者即可将数据包转送到局域网的任意 MAC 地址的主机上，达到 ARP 欺骗的攻击目的，因此，为了防范 ARP 攻击，应该在单位信息中心设置地址绑定功能，建立主机 MAC 地址与具体用户的关系，避免外来者的恶意攻击。

学习目标

(1)熟练掌握 ARP 的工作原理和应用方法。

(2)具备 ARP 模拟运行的程序设计能力。

6.1 ARP 格式

在网络通信中,必须解决 IP 地址与 MAC 地址的映射问题,这种映射称为地址解析,有静态映射和动态映射两种方法。相应的协议是地址解析协议(address resolution protocol,ARP),工作在网络层,负责将 IP 地址解析为 MAC 地址。

在实际应用中,一般将静态映射和动态映射方法结合起来,这可以提高 ARP 的工作效率。实现的关键是在本地主机建立一个 ARP 高速缓存(ARP cache),里面包含所在局域网上的部分主机和路由器的 IP 地址到物理地址的映射表,这些都是该主机目前知道的一些地址。随着时间的推移,该表的信息将动态地更新。

6.1.1 ARP 包格式

ARP 包格式如图 6.1 所示。

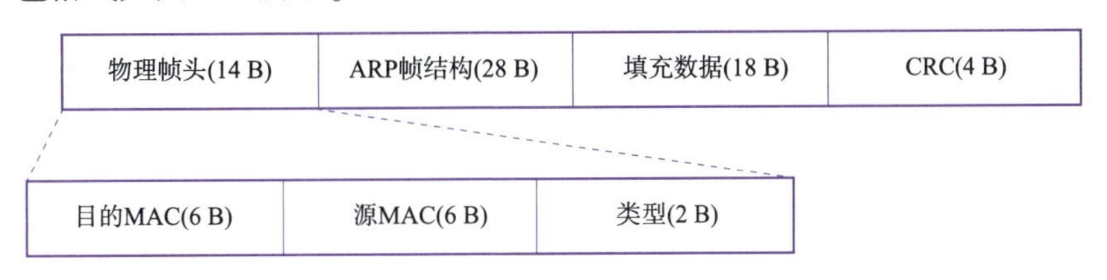

图 6.1 ARP 包格式

由于物理帧长度范围是[64 B,1 500 B],而 ARP 帧结构固定为 28 B,CRC 字段为 4 B,因此,不足 64 B 的部分需要填充数据。在填充请求包时,因为请求包要在以太网上广播,所以物理帧头的“目的 MAC”字段要填充为 48 个比特 1,即 FFFFFFFFFFFF;ARP 帧结构中的目的 MAC 不起作用,可填充为任意值。此时,ARP 包中的填充数据要填充 0。

ARP 帧结构如图 6.2 所示。

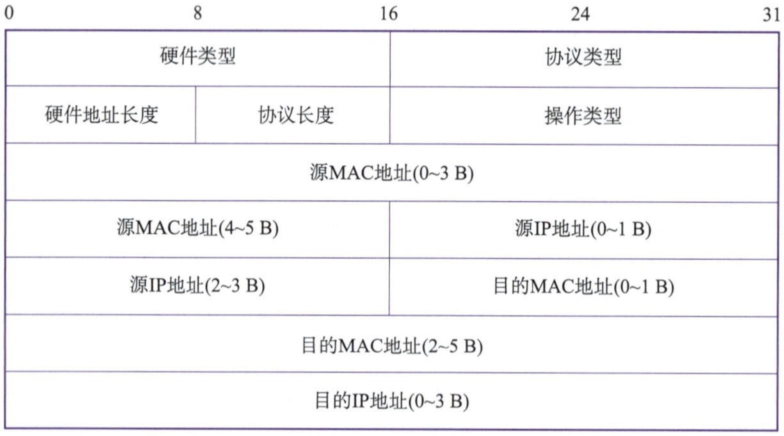

<table>
<tr><td>0</td><td>8</td><td>16</td><td>24　　31</td></tr>
<tr><td colspan="2">硬件类型</td><td colspan="2">协议类型</td></tr>
<tr><td>硬件地址长度</td><td>协议长度</td><td colspan="2">操作类型</td></tr>
<tr><td colspan="4">源MAC地址(0~3 B)</td></tr>
<tr><td colspan="2">源MAC地址(4~5 B)</td><td colspan="2">源IP地址(0~1 B)</td></tr>
<tr><td colspan="2">源IP地址(2~3 B)</td><td colspan="2">目的MAC地址(0~1 B)</td></tr>
<tr><td colspan="4">目的MAC地址(2~5 B)</td></tr>
<tr><td colspan="4">目的IP地址(0~3 B)</td></tr>
</table>

图 6.2　ARP 帧格式

(1)硬件类型字段:指明了发送方想知道的硬件接口类型,以太网的值为 1。

(2)协议类型字段:指明了发送方提供的高层协议类型,IP 为 0×0800。

(3)硬件地址长度和协议长度指明了硬件地址和高层协议地址的长度,这样 ARP 报文就可以在任意硬件和任意协议的网络中使用。对于以太网上 IP 地址的 ARP 请求或应答来说,它们的值分别为 6 和 4。

(4)操作类型字段:用来表示这个报文的类型,ARP 请求为 1,ARP 响应为 2,RARP 请求为 3,RARP 响应为 4。

(5)源 MAC 地址(0~3 B)字段:源主机硬件地址的前 3 字节。

(6)源 MAC 地址(4~5 B)字段:源主机硬件地址的后 3 字节。

(7)源 IP 地址(0~1 B)字段:源主机硬件地址的前 2 字节。

(8)源 IP 地址(2~3 B)字段:源主机硬件地址的后 2 字节。

(9)目的 MAC 地址(0~1 B)字段:目的主机硬件地址的前 2 字节。

(10)目的 MAC 地址(2~5 B)字段:目的主机硬件地址的后 4 字节。

(11)目的 IP 地址(0~3 B)字段:目的主机的 IP 地址。

6.1.2　ARP 的工作原理

图 6.3 给出了 ARP 的工作原理,包含请求和应答两个重要阶段,描述了主机 A 获取主机 B 的 MAC 地址的基本过程。

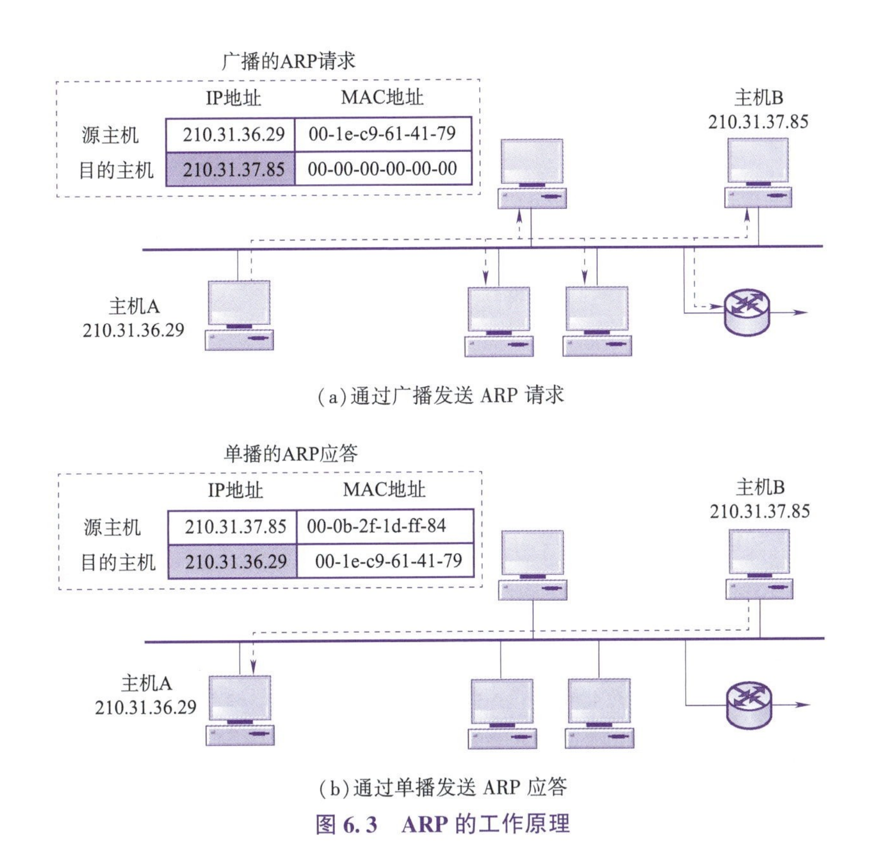

(a)通过广播发送 ARP 请求

(b)通过单播发送 ARP 应答

图 6.3　ARP 的工作原理

那么,ARP 高速缓存中的物理地址是如何获取的?当主机 A 向主机 B 发送 IP 数据报时,先在其 ARP 高速缓存中查看有无主机 B 的 IP 地址。如有,就可查出其对应的物理地址,再将此物理地址写入 MAC 帧,然后通过局域网把该 MAC 帧发往此硬件地址;如果查不到(此时主机 B 可能才入网,或主机 A 刚刚加电),主机 A 就自动运行 ARP。接着按以下步骤查找:

(1)ARP 进程在本局域网上广播发送一个 ARP 请求分组,如图 6.3(a)所示,请求内容表明,主机 A 的 IP 地址为 210.31.36.29,物理地址为 00-1e-c9-61-41-79,需要查找 IP 地址为 210.31.37.85 的主机的物理地址。在请求分组的目的 MAC 地址字段,填入了全 0。

(2)将 ARP 分组发送到本地的数据链路层,组帧后,以源 MAC 地址为源地址、以广播地址为目的地址发送出去。

(3)由于采用了广播地址,因此本局域网上的所有结点都能收到该帧。经过拆包分析后,也就能够接收到 ARP 请求分组。显然,只有主机 B 识别发来的 IP 地址,其他主机将丢弃该分组。

(4)主机 B 向主机 A 发送 ARP 响应分组,并写入自己的物理地址 00-0b-2f-1d-ff-84,如图 6.3(b)所示,这是单播方式。

(5)主机 A 收到主机 B 的响应后,就在其 ARP 高速缓存中写入主机 B 的 IP 地址到硬件地址的映射。

为了减少网络上的通信量,当主机 B 收到主机 A 的 ARP 请求分组时,也会将主机 A 的地址映射信息写入自己的 ARP 高速缓存中,这样,当主机 B 向主机 A 发送数据报时,只需查表,而不必广播 ARP 请求。

由于主机更换网卡、网络移动使用等原因,ARP 表的信息需要动态更新。因此,对 ARP 表的每个映射项都设置生存时间,凡是超过生存时间的表项就从高速缓存中删除,以保证 ARP 表的有效性。

与 ARP 相对应,在进行地址转换时,有时还要用到逆地址解析协议(RARP),用于完成主机 MAC 地址到 IP 地址的映射。这种主机往往是无盘工作站,在启动时只有 MAC 地址信息,通过运行 ROM 中的 RARP 来获得其 IP 地址。

6.2 ARP 包分析

下面通过网络命令操作和网络抓包实验来分析 ARP。

6.2.1 ARP 命令操作

通过执行 ARP 命令,可以显示和修改本地主机的 ARP 表信息,如图 6.4 所示。

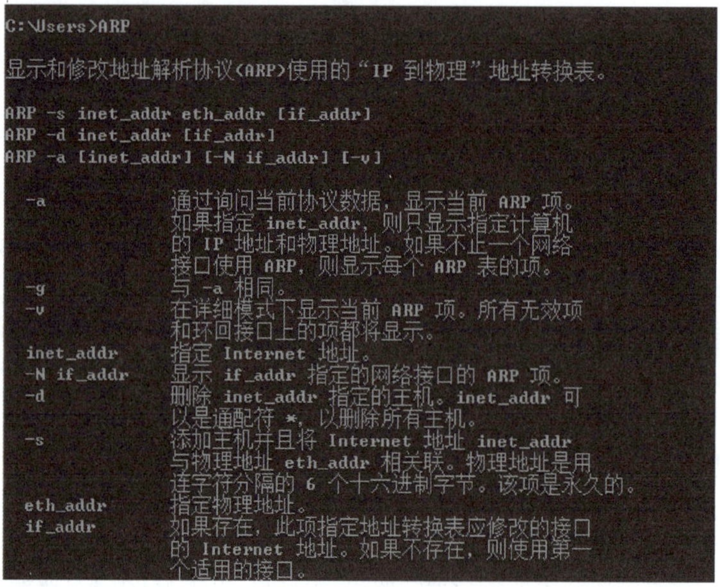

```
C:\Users>ARP

显示和修改地址解析协议(ARP)使用的“IP 到物理”地址转换表。

ARP -s inet_addr eth_addr [if_addr]
ARP -d inet_addr [if_addr]
ARP -a [inet_addr] [-N if_addr] [-v]

  -a            通过询问当前协议数据，显示当前 ARP 项。
                如果指定 inet_addr，则只显示指定计算机
                的 IP 地址和物理地址。如果不止一个网络
                接口使用 ARP，则显示每个 ARP 表的项。
  -g            与 -a 相同。
  -v            在详细模式下显示当前 ARP 项。所有无效项
                和环回接口上的项都将显示。
  inet_addr     指定 Internet 地址。
  -N if_addr    显示 if_addr 指定的网络接口的 ARP 项。
  -d            删除 inet_addr 指定的主机。inet_addr 可
                以是通配符 *，以删除所有主机。
  -s            添加主机并且将 Internet 地址 inet_addr
                与物理地址 eth_addr 相关联。物理地址是用
                连字符分隔的 6 个十六进制字节。该项是永久的。
  eth_addr      指定物理地址。
  if_addr       如果存在，此项指定地址转换表应修改的接口
                的 Internet 地址。如果不存在，则使用第一
                个适用的接口。
```

图 6.4 ARP 命令格式

进入命令行环境,执行以下命令:arp-a,就可以获得当前主机上 ARP 表中的地址映射信息。在某时刻查找的本地主机的 ARP 表信息如图 6.5 所示。

6.2.2 ARP 包分析过程

通过执行 ping 命令,测试与主机 IP 地址 210.31.36.1 的连通性。然后,显示过滤出 ARP 包,如图 6.6 所示。

```
C:\Users>arp -a

接口: 192.168.110.1 --- 0x28
  Internet 地址         物理地址              类型
  192.168.110.255       ff-ff-ff-ff-ff-ff     静态
  224.0.0.2             01-00-5e-00-00-02     静态
  224.0.0.252           01-00-5e-00-00-fc     静态
  239.1.1.29            01-00-5e-01-01-1d     静态
  239.11.20.1           01-00-5e-0b-14-01     静态

接口: 192.168.1.1 --- 0x2d
  Internet 地址         物理地址              类型
  192.168.1.255         ff-ff-ff-ff-ff-ff     静态
  224.0.0.2             01-00-5e-00-00-02     静态
  224.0.0.252           01-00-5e-00-00-fc     静态
  239.1.1.29            01-00-5e-01-01-1d     静态
  239.11.20.1           01-00-5e-0b-14-01     静态

接口: 222.31.142.229 --- 0x33
  Internet 地址         物理地址              类型
  222.31.142.1          08-81-f4-9e-47-f0     动态
  222.31.142.227        c8-9c-dc-7d-37-72     动态
  222.31.142.245        00-14-38-e0-46-b0     动态
  222.31.143.255        ff-ff-ff-ff-ff-ff     静态
  224.0.0.2             01-00-5e-00-00-02     静态
  224.0.0.252           01-00-5e-00-00-fc     静态
  239.1.1.29            01-00-5e-01-01-1d     静态
  239.11.20.1           01-00-5e-0b-14-01     静态
  255.255.255.255       ff-ff-ff-ff-ff-ff     静态
```

图 6.5　本地主机 ARP 表的地址映射信息

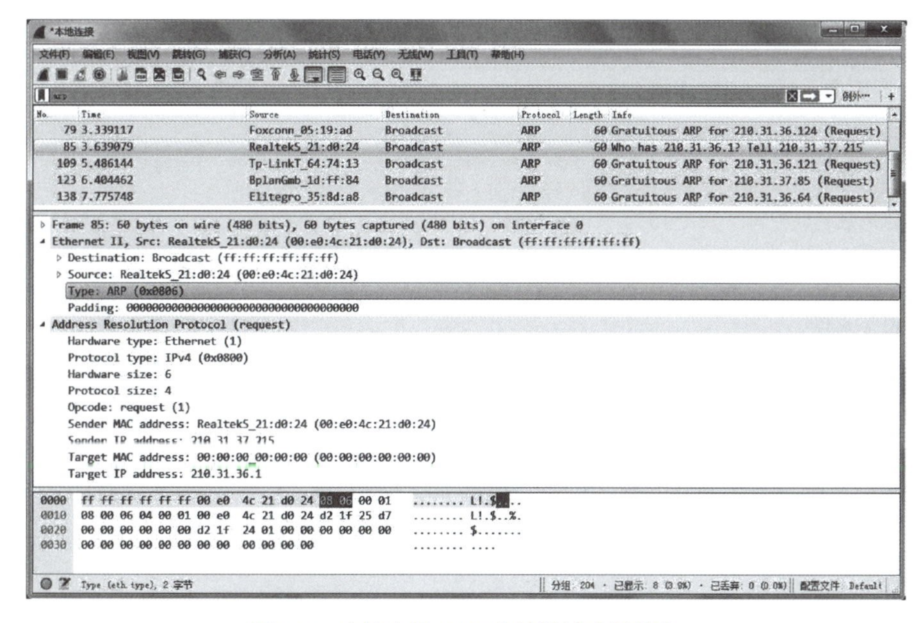

图 6.6　本地主机 ARP 表的地址映射信息

可见，发送的是一个广播包，源 MAC 地址是 00：e0：4c：21：d0：24，源 IP 地址是 210.31.37.215，目的 IP 地址是 210.31.36.1。

6.2.3　ARP 包间接交付

如果源主机 A 和目的主机 B 不在同一网络内，则需要经历间接交付过程，如图 6.7 所示。

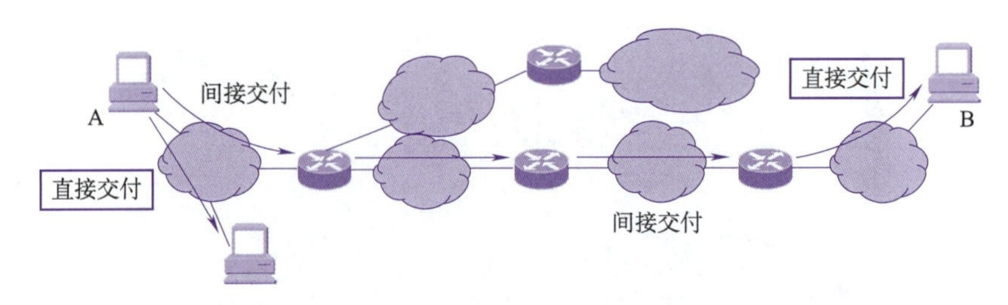

图 6.7 ARP 包的间接交付示意

在主机 A 的网络层运行的 IP 进程,首先判断 A 和 B 是不是在同一个局域网内。若是,直接交付主机 B(使用 ARP)。若不是,主机 A 把该数据包交给本地路由器(ARP)。然后,中间路由器一步步转发,最后到达目的网络。目的网络路由器进行直接交付(使用 ARP)。在这种情况下,ARP 的执行可能会面对三种情况:

(1)主机到路由器:要解析目的路由器的 MAC 地址;

(2)路由器到路由器:要解析目的路由器的 MAC 地址;

(3)路由器到主机:要解析目的主机的 MAC 地址。

6.2.4 ARP 包案例

在下面的案例中,假设源 MAC 地址是 00:13:D4:70:ED:63,源 IP 地址是 192.168.100.200,目的 MAC 地址是 00:19:21:CA:B7:08,目的 IP 地址是 192.168.100.210。

1. 正常的 ARP 数据包

(1)下面是一个 ARP 请求包:

```
以太网—II[0/14]
    目的地址:            FF:FF:FF:FF:FF:FF[0/6]
    源地址:              00:13:D4:70:ED:63[6/6]
    协议类型:            0×0806[12/2]
ARP—地址解析协议[14/28]
    硬件类型:            1(以太网)[14/2]
    协议类型:            0×0800[16/2]
    硬件地址长度:        6[18/1]
    协议地址长度:        4[19/1]
    操作类型:            1(ARP 请求)[20/2]
    源物理地址:          00:13:D4:70:ED:63[22/6]
    源 IP 地址:          192.168.100.200[28/4]
    目的物理地址:        00:00:00:00:00:00[32/6]
    目的 IP 地址:        192.168.100.210[38/4]
额外数据:[42/18]
    字节数:              18 bytes[42/18]
FCS—帧校验序列:
    FCS:0×1093A7B1(计算出的)
```

该 ARP 请求包询问:谁是 210? 请告诉 200。请注意以太网的目的地址是 FF:FF:FF:FF:FF:FF,ARP 中的目的物理地址是 00:00:00:00:00:00。

(2)下面是一个 ARP 应答包：

```
以太网—II[0/14]
    目的地址:            00:13:D4:70:ED:63[0/6]
    源地址:              00:19:21:CA:B7:08[6/6]
    协议类型:            0×0806[12/2]
ARP—地址解析协议[14/28]
    硬件类型:            1(以太网)[14/2]
    协议类型:            0×0800[16/2]
    硬件地址长度:        6[18/1]
    协议地址长度:        4[19/1]
    操作类型:            2 (ARP 响应)[20/2]
    源物理地址:          00:19:21:CA:B7:08[22/6]
    源 IP 地址:          192.168.100.210[28/4]
    目的物理地址:        00:13:D4:70:ED:63[32/6]
    目的 IP 地址:        192.168.100.200[38/4]
额外数据:[42/18]
    字节数:              18
FCS—帧校验序列:
    FCS:0×01C929A9(计算出的)
```

210 应答 200,告知 MAC 地址是 00:19:21:CA:B7:08。这样在双方的 ARP 缓存表中就有了对方的地址,双方就可以正常通信。

以上两种数据包在局域网中很普遍,可以是网关和其他机器发起请求,本机应答,也可以是本机向网关或别的机器发起请求,网关或别的机器应答。

(3)下面这个 ARP 请求包,目的是检查局域网中是否有与自己的 IP 有冲突的地址。如果网内源 IP 和目的 IP 相同(如 192.168.100.119),就会发出应答包,从而报告 IP 冲突。

```
以太网—II[0/14]
    目标地址:            FF:FF:FF:FF:FF:FF[0/6]
    源地址:              00:13:D3:B8:14:2D[6/6]
    协议类型:            0×0806[12/2]
ARP—地址解析协议[14/28]
    硬件类型:            1(以太网)[14/2]
    协议类型:            0×0800[16/2]
    硬件地址长度:        6[18/1]
    协议地址长度:        4[19/1]
    操作类型:            1(ARP 请求)[20/2]
    源物理地址:          00:13:D3:B8:14:2D[22/6]
    源 IP 地址:          192.168.100.119[28/4]
    目标物理地址:        00:00:00:00:00:00[32/6]
    目标 IP 地址:        192.168.100.119[38/4]
额外数据:[42/18]
    字节数:              18 bytes[42/18]
FCS—帧校验序列:
```

```
    FCS:0×9A3BEC05(计算出的)
```

2. 错误的 ARP 包

以下是一些不正常的 ARP 数据包,表现在 IP 地址或 MAC 地址的虚假。

(1)下面是让一个机器产生 IP 冲突的 ARP 应答包(注意源和目标的 IP 地址相同,而源和目标的 MAC 地址不同)。

```
以太网—II[0/14]
    目标地址:              00:13:D4:70:ED:63[0/6]
    源地址:                AD:E8:48:02:6D:14[6/6]
    协议类型:              0×0806[12/2]
ARP—地址解析协议[14/28]
    硬件类型:              1(以太网)[14/2]
    协议类型:              0×0800[16/2]
    硬件地址长度:          6[18/1]
    协议地址长度:          4[19/1]
    操作类型:              2(ARP 响应)[20/2]
    源物理地址:            AD:E8:48:02:6D:14[22/6]
    源 IP 地址:            192.168.100.200[28/4]
    目标物理地址:          00:13:D4:70:ED:63[32/6]
    目标 IP 地址:          192.168.100.200[38/4]
额外数据:[42/18]
    字节数:                18 bytes[42/18]
FCS—帧校验序列:
    FCS:0×232FBD99(计算出的)
```

(2)这是一个让 200 不能和 119 通信的 ARP 应答包(注意 200 的 MAC 地址是假的)。

```
以太网—II[0/14]
    目标地址:              00:14:2A:77:21:1C[0/6]
    源地址:                07:46:31:01:AE:98[6/6]
    协议类型:              0×0806[12/2]
ARP—地址解析协议[14/28]
    硬件类型:              1(以太网)[14/2]
    协议类型:              0×0800[16/2]
    硬件地址长度:          6[18/1]
    协议地址长度:          4[19/1]
    操作类型:              2(ARP 响应)[20/2]
    源物理地址:            07:46:31:01:AE:98[22/6]
    源 IP 地址:            192.168.100.200[28/4]
    目标物理地址:          00:14:2A:77:21:1C[32/6]
    目标 IP 地址:          192.168.100.119[38/4]
额外数据:[42/18]
    字节数:                18 bytes[42/18]
FCS—帧校验序列:
```

```
    FCS:0×6016DF8D(计算出的)
```

(3)下面是一个让 200 不能上网的 ARP 应答包,它告诉了 200 这是一个错误的网关地址。

```
以太网—II[0/14]
    目标地址:            00:13:D4:70:ED:63[0/6]
    源地址:              9E:87:A4:0A:30:5F[6/6]
    协议类型:            0×0806[12/2]
ARP—地址解析协议[14/28]
    硬件类型:            1(以太网)[14/2]
    协议类型:            0×0800[16/2]
    硬件地址长度:        6[18/1]
    协议地址长度:        4[19/1]
    操作类型:            2(ARP 响应)[20/2]
    源物理地址:          9E:87:A4:0A:30:5F[22/6](假的)
    源 IP 地址:          192.168.100.1[28/4]
    目标物理地址:        00:13:D4:70:ED:63[32/6]
    目标 IP 地址:        192.168.100.200[38/4]
额外数据:[42/18]
    字节数:              18 bytes[42/18]
FCS—帧校验序列:
    FCS:0×2DFE1259(计算出的)
```

6.3　ARP 编程

若要实现 ARP 包的收发任务,则必须完成以下程序模块:选择网卡、构造 ARP 请求包、数据帧的发送、ARP 包的接收及其解析、获得 ARP 表信息并显示等。

6.3.1　通过 ARP 由 IP 地址获取 MAC 地址

(1)以下为只能获取本机的 MAC 地址的 C#程序。

```
using System.Management;
public string getMac()
{
    ManagementClass mc = new ManagementClass("Win32_NetworkAdapterConfiguration");

    ManagementObjectCollection moc2 = mc.GetInstances();
    foreach (ManagementObject mo in moc2)
    {
        if ((bool)mo["IPEnabled"] == true)
        {
            return mo["MacAddress"].ToString();
            mo.Dispose();
        }
```

```
        }
        return "";
    }
```

（2）以下为可获取局域网任意客户机的 MAC 地址 C#语言程序。

```
    using System.Runtime.InteropServices;
    using System.Text;

    [DllImport("Iphlpapi.dll")]
    static extern int SendARP(Int32 DestIP, Int32 SrcIP, ref Int64 MacAddr, ref
Int32 PhyAddrLen);

    [DllImport("Ws2_32.dll")]
    static extern Int32 inet_addr(string ipaddr);

    ///<summary>
    /// SendArp 获取 MAC 地址
    ///</summary>
    ///<param name="RemoteIP">目标机器的 IP 地址(如 192.168.1.1)
    ///<returns>目标机器的 MAC 地址</returns>
    public static string GetMacAddress(string RemoteIP)
    {
      StringBuilder macAddress = new StringBuilder();

      try
      {
        Int32 remote = inet_addr(RemoteIP);
        Int64 macInfo = new Int64();
        Int32 length = 6;
        SendARP(remote, 0, ref macInfo, ref length);
        string temp = Convert.ToString(macInfo, 16).PadLeft(12, '0').ToUpper();
        int x = 12;
        for (int i = 0; i < 6; i++)
        {
          if (i == 5)
          {
            macAddress.Append(temp.Substring(x - 2, 2));
          }
          else
          {
            macAddress.Append(temp.Substring(x - 2, 2) + "-");
          }

          x -= 2;
```

```
        }
        return macAddress.ToString();
    }
    catch
    {
            return macAddress.ToString();
    }
}
```

6.3.2　完整的 ARP 包收发程序设计

本程序使用了 Winpcap 库函数。

(1)运行界面。

打开页面后,选择网卡 1,则开始获得主机地址的解析结果,如图 6.8 所示。

```
[本机网卡列表: ]
1) rpcap://\Device\NPF_{F3C278DF-4450-4DC9-964A-09EAFA6DADEA}
 (Network adapter 'Broadcom NetLink (TM) Gigabit Ethernet Driver' on local host)

2) rpcap://\Device\NPF_{8FCF6173-C83E-47F6-825C-D1C101A14CFB}
 (Network adapter 'VMware Virtual Ethernet Adapter' on local host)
3) rpcap://\Device\NPF_{16915CFA-735F-4AF0-9856-4A7A276DC637}
 (Network adapter 'VMware Virtual Ethernet Adapter' on local host)

请选择要打开的网卡号 (1-3):1

PacketSend succeed
获取自己主机的MAC地址成功!

listening on 网卡1 ...
ip_mac:20-6a-8a-0c-03-b2
自身的IP地址为:10.10.120.5
地址掩码NETMASK为:255.255.255.192

-----------------------------------------------------
IP地址:10.10.120.1    MAC地址:000fe267742b
-----------------------------------------------------
IP地址:10.10.120.2    MAC地址:20cf30407188
```

图 6.8　ARP 模拟程序运行界面

(2)参考 C++语言代码分析。

```
#include <stdio.h>
#include <string.h>
#include "pcap.h"
#include "Packet32.h"
#pragma pack(1)  //按一个字节内存对齐
#define IPTOSBUFFERS    12
#define ETH_ARP         0×0806 //以太网帧类型表示后面数据的类型,对于 ARP 请求或应答来说,该字段的值为×0806
#define ARP_HARDWARE    1    //硬件类型字段值表示以太网地址
#define ETH_IP          0×0800//协议类型字段表示要映射的协议地址,类型值为×0800 表示 IP 地址
#define ARP_REQUEST     1
```

```
#define ARP_REPLY        2
#define HOSTNUM          255
/* packet handler 函数原型* /
void packet_handler(u_char * param, const struct pcap_pkthdr * header, const u_
char * pkt_data);
//函数原型
void ifget(pcap_if_t * d,char * ip_addr,char * ip_netmask);
char * iptos(u_long in);
char* ip6tos(struct sockaddr * sockaddr, char * address, int addrlen);
int SendArp(pcap_t * adhandle,char * ip,unsigned char * mac);
int GetSelfMac(pcap_t * adhandle,const char * ip_addr,unsigned char * ip_mac);
DWORD WINAPI SendArpPacket(LPVOID lpParameter);
DWORD WINAPI GetLivePC(LPVOID lpParameter);

//28 字节 ARP 帧结构
struct arp_head
{
    unsigned short hardware_type;          //硬件类型
    unsigned short protocol_type;          //协议类型
    unsigned char hardware_add_len;        //硬件地址长度
    unsigned char protocol_add_len;        //协议地址长度
    unsigned short operation_field;        //操作字段
    unsigned char source_mac_add[6];       //源 MAC 地址
    unsigned long source_ip_add;           //源 IP 地址
    unsigned char dest_mac_add[6];         //目的 MAC 地址
    unsigned long dest_ip_add;             //目的 IP 地址
};

//14 字节以太网帧结构
struct ethernet_head
{
    unsigned char dest_mac_add[6];         //目的 MAC 地址
    unsigned char source_mac_add[6];       //源 MAC 地址
    unsigned short type;                   //帧类型
};
//ARP 最终包结构
struct arp_packet
{
    struct ethernet_head ed;
    struct arp_head ah;
};
struct sparam
{
    pcap_t * adhandle;
```

```
    char * ip;
    unsigned char * mac;
    char * netmask;
};
struct gparam
{
    pcap_t * adhandle;
};
bool flag;
struct sparam sp;
struct gparam gp;
int main()
{
    pcap_if_t * alldevs;
    pcap_if_t * d;
    int inum;
    int i=0;
    pcap_t * adhandle;
    char errbuf[PCAP_ERRBUF_SIZE];
    char * ip_addr;
    char * ip_netmask;
    unsigned char * ip_mac;
    HANDLE sendthread;
    HANDLE recvthread;

    ip_addr=(char * )malloc(sizeof(char)* 16);          //申请内存存放 IP 地址
    if(ip_addr==NULL)
    {
        printf("申请内存存放 IP 地址失败！ \n");
        return -1;
    }
    ip_netmask=(char * )malloc(sizeof(char)* 16);      //申请内存存放 NETMASK
地址
    if(ip_netmask==NULL)
    {
        printf("申请内存存放 NETMASK 地址失败！ \n");
        return -1;
    }
    ip_mac=(unsigned char * )malloc(sizeof(unsigned char)* 6);   //申请内存存放
MAC 地址
    if(ip_mac==NULL)
    {
        printf("申请内存存放 MAC 地址失败！ \n");
        return -1;
```

```
}
/* 获取本机设备列表* /
if (pcap_findalldevs_ex(PCAP_SRC_IF_STRING, NULL, &alldevs, errbuf) == -1)
{
    fprintf(stderr,"Error in pcap_findalldevs: % s\n", errbuf);
    exit(1);
}
/* 打印列表* /
printf("[本机网卡列表:]\n");
for(d=alldevs; d; d=d->next)
{
    printf("% d) % s\n", ++i, d->name);
    if (d->description)
    printf(" (% s)\n", d->description);
    else
    printf(" (No description available)\n");
}
if(i==0)
{
    printf("\n 找不到网卡! 请确认是否已安装 WinPcap. \n");
    return -1;
}
printf("\n");
printf("请选择要打开的网卡号(1-% d):",i);
scanf("% d", &inum);
if(inum < 1 || inum > i)
{
    printf("\n 该网卡号超过现有网卡数! 请按任意键退出…\n");
    getchar();
    getchar();
    /* 释放设备列表* /
    pcap_freealldevs(alldevs);
    return -1;
}
/* 跳转到选中的适配器* /
for(d=alldevs, i=0; i< inum-1 ;d=d->next, i++);
/* 打开设备* /
if ( (adhandle= pcap_open(d->name,     // 设备名
65536,                                 // 65535 保证能捕获到不同数据链路层上的
每个数据包的全部内容
PCAP_OPENFLAG_PROMISCUOUS,             // 混杂模式
1000,                                  // 读取超时时间
NULL,                                  // 远程机器验证
errbuf                                 // 错误缓冲池
```

```
        ) ) == NULL)
        {
            fprintf(stderr,"\n 无法读取该适配器,适配器% s 不被 WinPcap 支持\n", d->name);
            /* 释放设备列表* /
            pcap_freealldevs(alldevs);
            return -1;
        }
        ifget(d,ip_addr,ip_netmask);          //获取所选网卡的基本信息—掩码—IP 地址
        GetSelfMac(adhandle,ip_addr,ip_mac); //输入网卡设备句柄网卡设 IP 地址获取该设
备的 MAC 地址
        sp.adhandle=adhandle;
        sp.ip=ip_addr;
        sp.mac=ip_mac;
        sp.netmask=ip_netmask;
        gp.adhandle=adhandle;
        sendthread=CreateThread(NULL,0,(LPTHREAD_START_ROUTINE)SendArpPacket,
&sp,0,NULL);
        recvthread=CreateThread(NULL,0,(LPTHREAD_START_ROUTINE)GetLivePC,&gp,0,
NULL);
        printf("\nlistening on 网卡% d...\n",inum);
        /* 释放设备列表* /
        pcap_freealldevs(alldevs);
        getchar();
        getchar();
        return 0;
    }

    /* 获取可用信息* /
    void ifget(pcap_if_t * d,char * ip_addr,char * ip_netmask)
    {
        pcap_addr_t * a;
        char ip6str[128];
        /* IP addresses * /
        for(a=d->addresses;a;a=a->next)
        {
            switch(a->addr->sa_family)
            {
                case AF_INET:
                if (a->addr)
                {
                    char * ipstr;
                    ipstr=iptos(((struct sockaddr_in * )a->addr)->sin_addr.s_addr);
//* ip_addr
                    memcpy(ip_addr,ipstr,16);
```

```
            }
            if (a->netmask)
            {
                char * netmaskstr;
                netmaskstr=iptos(((struct sockaddr_in * )a->netmask)->sin_
addr.s_addr);
                memcpy(ip_netmask,netmaskstr,16);
            }
            case AF_INET6:
            break;
        }
    }
}

/* 将数字类型的IP地址转换成字符串类型* /
char * iptos(u_long in)
{
    static char output[IPTOSBUFFERS][3* 4+3+1];
    static short which;
    u_char * p;
    p = (u_char * )&in;
    which = (which + 1 == IPTOSBUFFERS ? 0 : which + 1);
    sprintf(output[which], "% d.% d.% d.% d", p[0], p[1], p[2], p[3]);
    return output[which];
}

char* ip6tos(struct sockaddr * sockaddr, char * address, int addrlen)
{
    socklen_t sockaddrlen;
    #ifdef WIN32
    sockaddrlen = sizeof(struct sockaddr_in6);
    #else
    sockaddrlen = sizeof(struct sockaddr_storage);
    #endif

    if(getnameinfo(sockaddr,
    sockaddrlen,
    address,
    addrlen,
    NULL,
    0,
    NI_NUMERICHOST) ! = 0) address = NULL;
    return address;
}
```

```
/* 获取自己主机的 MAC 地址 * /
int GetSelfMac(pcap_t * adhandle,const char * ip_addr,unsigned char * ip_mac)
{
    unsigned char sendbuf[42];                            //ARP 包结构大小
    int i = -1;
    int res;
    struct ethernet_head eh;
    struct arp_head ah;
    struct pcap_pkthdr *  pkt_header;
    const u_char *  pkt_data;
    memset(eh.dest_mac_add,0xff,6);                       //目的地址全为广播地址
    memset(eh.source_mac_add,0x0f,6);
    memset(ah.source_mac_add,0x0f,6);
    memset(ah.dest_mac_add,0x00,6);
    eh.type = htons(ETH_ARP);
    ah.hardware_type = htons(ARP_HARDWARE);
    ah.protocol_type = htons(ETH_IP);
    ah.hardware_add_len = 6;
    ah.protocol_add_len = 4;
    ah.source_ip_add = inet_addr("100.100.100.100"); //随便设的请求方 IP
    ah.operation_field = htons(ARP_REQUEST);
    ah.dest_ip_add=inet_addr(ip_addr);
    memset(sendbuf,0,sizeof(sendbuf));
    memcpy(sendbuf,&eh,sizeof(eh));
    memcpy(sendbuf+sizeof(eh),&ah,sizeof(ah));
    if(pcap_sendpacket(adhandle,sendbuf,42)==0)
    {
        printf("\nPacketSend succeed\n");
    }
    else
    {
        printf("PacketSendPacket in getmine Error: %d\n",GetLastError());
        return 0;
    }
    while((res = pcap_next_ex(adhandle,&pkt_header,&pkt_data)) >= 0)
    {
        if(* (unsigned short * )(pkt_data+12) == htons(ETH_ARP)&&
        * (unsigned short* )(pkt_data+20) == htons(ARP_REPLY)&&
        * (unsigned long* )(pkt_data+38) == inet_addr("100.100.100.100"))
        {
            for(i=0; i<6; i++)
            {
                ip_mac[i]=* (unsigned char * )(pkt_data+22+i);
```

```
            }
            printf("获取自己主机的MAC地址成功! \n");
            break;
        }
    }
    if(i==6)
    {
        return 1;
    }
    else
    {
        return 0;
    }
}

/* 向局域网内所有可能的IP地址发送ARP请求包线程 * /
DWORD WINAPI SendArpPacket(LPVOID lpParameter)//(pcap_t * adhandle,char * ip,
unsigned char * mac,char * netmask)
{
    sparam * spara=(sparam * )lpParameter;
    pcap_t * adhandle=spara->adhandle;
    char * ip=spara->ip;
    unsigned char * mac=spara->mac;
    char * netmask=spara->netmask;
    printf("ip_mac:% 02x-% 02x-% 02x-% 02x-% 02x-% 02x\n",mac[0],mac[1],mac
[2],mac[3],mac[4],mac[5]);
    printf("自身的IP地址为:% s\n",ip);
    printf("地址掩码NETMASK为:% s\n",netmask);
    printf("\n");
    unsigned char sendbuf[42];                    //arp包结构大小
    struct ethernet_head eh;
    struct arp_head ah;
    memset(eh.dest_mac_add,0xff,6);               //目的地址全为广播地址
    memcpy(eh.source_mac_add,mac,6);
    memcpy(ah.source_mac_add,mac,6);
    memset(ah.dest_mac_add,0x00,6);
    eh.type = htons(ETH_ARP);
    ah.hardware_type = htons(ARP_HARDWARE);
    ah.protocol_type = htons(ETH_IP);
    ah.hardware_add_len = 6;
    ah.protocol_add_len = 4;
    ah.source_ip_add = inet_addr(ip);             //请求方的IP地址为自身的IP地址
    ah.operation_field = htons(ARP_REQUEST);
    //向局域网内广播发送ARP包
```

```
    unsigned long myip=inet_addr(ip);
    unsigned long mynetmask=inet_addr(netmask);
    unsigned long hisip=htonl((myip&mynetmask));
    for(int i=0;i<HOSTNUM;i++)
    {
        ah.dest_ip_add=htonl(hisip+i);
        memset(sendbuf,0,sizeof(sendbuf));
        memcpy(sendbuf,&eh,sizeof(eh));
        memcpy(sendbuf+sizeof(eh),&ah,sizeof(ah));
        if(pcap_sendpacket(adhandle,sendbuf,42)==0)
        {
            //printf("\nPacketSend succeed\n");
        }
        else
        {
            printf("PacketSendPacket in getmine Error: %d\n",GetLastError());
        }
        Sleep(50);
    }
    Sleep(1000);
    flag=TRUE;
    return 0;
}
/* 分析截留的数据包获取活动的主机 IP 地址 */
DWORD WINAPI GetLivePC(LPVOID lpParameter)//(pcap_t * adhandle)
{
    gparam * gpara=(gparam * )lpParameter;
    pcap_t * adhandle=gpara->adhandle;
    int res;
    unsigned char Mac[6];
    struct pcap_pkthdr *  pkt_header;
    const u_char *  pkt_data;
    while(true)
    {
        if(flag)
        {
            printf("扫描完毕,按任意键退出! \n");
            break;
        }
        if((res=pcap_next_ex(adhandle,&pkt_header,&pkt_data))>=0)
        {
            if(* (unsigned short * )(pkt_data+12)==htons(ETH_ARP))
            {
                struct arp_packet * recv=(arp_packet * )pkt_data;
```

```
                if(* (unsigned short * )(pkt_data+20)= =htons(ARP_REPLY))
                {
                    printf("-----------------------------------------\n");
                    printf("IP 地址:% d.% d.% d.% d   MAC 地址:",recv->ah.source_
ip_add&255,recv->ah.source_ip_add>> 8&255,recv->ah.source_ip_add>>16&255,recv->
ah.source_ip_add>>24&255);
                    for(int i=0;i<6;i++)
                    {
                        Mac[i]=* (unsigned char * )(pkt_data+22+i);
                        printf("% 02x",Mac[i]);
                    }
                    printf("\n");
                }
            }
        }
        Sleep(10);
    }
    return 0;
}
```

小　结

ARP 是 TCP/IP 协议族中网络层的重要协议,用于 IP 地址到 MAC 地址的解析。数据包从网络层转到局域网主机,ARP 起到了重要作用。本章首先介绍了 ARP 的数据格式和工作原理,然后阐述 ARP 包的分析过程和细节。最后,提出了 ARP 包的收发编程方法和完整案例,便于实践。通过本章的学习,能够明确 ARP 的作用和工作原理,能够自如使用网络命令查询 ARP 表。在掌握数据格式的基础上,能够编写对应数据包的收发程序,提升应用设计水平。

习　题

1. 请分析 ARP 结构,并说明其中"填充字段"所起到的作用。
2. 分析图 6.5 中的数据,其中的静态和动态类型的含义是什么?
3. 请执行 arp 命令,查询主机上的 ARP 表,并思考这些数据的变化特点。
4. 如果要将 MAC 地址映射出 IP 地址,其协议名称是什么?
5. 调试和执行 6.3.1 节的 2 个程序,并分析输出的 MAC 地址结果。
6. 调试和执行 6.3.2 节的程序,观察 ARP 包的收发情况。
7. 编写 ARP 包收发程序,其功能要求如下:

(1)具有图形化界面。

(2)能输入不同的 MAC 地址和 IP 地址,实现 ARP 包请求和回应功能。

(3)扩展功能:能够构造虚假 ARP 包,还能够实现 ARP 欺骗功能。

第7章 网络协议校验与传输程序设计

计算机网络协议具有数据校验功能，并分布在不同的网络层次。数据链路层有奇偶校验、循环冗余码和汉明码三种，其校验字段位于该层协议包的末尾，比如 HDLC 协议具有“帧检验序列”字段，采用 CRC 校验，生成多项式是 CRC-CCITT：$x^{16}+x^{12}+x^{5}+1$，校验范围包括地址、控制、信息字段。在网络层的 IP 中，其数据包中包含了“首部校验和”字段，校验范围是 IP 的首部所有字段。在传输层，TCP 和 UDP 都分别包含了“校验和”字段，其校验范围是所有字段。网络协议的校验功能为数据的可靠传输提供了重要的保证。

学习目标

(1)熟练掌握 IP 地址划分要点，能够通过编程检验 IP 地址的合法性。

(2)深入理解 IP 的数据格式，并能够编程构造 IP 分组。

(3)通过编程，能够设计和实现 IP 包的首部校验和计算功能。

(4)通过编程，能够设计和实现 TCP 和 UDP 包的校验和计算和报文发送功能。

7.1 IP 地址的合法性检验

在互联网中，需要为主机和路由器等设备分配在全世界范围内唯一的标识符，即 IP 地址。IP 地址的编址方法共经过以下五个阶段：

(1)分类的 IP 地址：这是最基本的编址方法，于 1981 年按照 IPv4 协议将 IP 地址分为三类：标准 IP 地址、特殊 IP 地址和预留的专用地址，每一地址都采用网络号-主机号的结构。

(2)划分子网：1991 年人们改进了标准 IP 地址，增加了子网号，使得 IP 地址具有网络号-子网号-主机号三级结构。

(3)构成超网：1993 年人们提出了无类域间路由 CIDR 技术，目的是将现有的 IP 地址合并为较大的、具有更多主机地址的路由域。

(4)网络地址转换：于 1996 年提出，主要应用于内部网络和虚拟专用网络以及 ISP 为拨号用户访问 Internet 提供的服务。

(5)IPv6:1999 年正式分配地址,IPv6 协议成为标准草案。

7.1.1 标准划分

将 IP 地址划分为 A、B、C、D 和 E 共 5 类,每类都由网络号和主机号两部分构成,如图 7.1 所示。其中,A、B、C 三类 IP 地址都是单播地址,是最常用的。D 类地址用于组播,而 E 类地址保留未用。

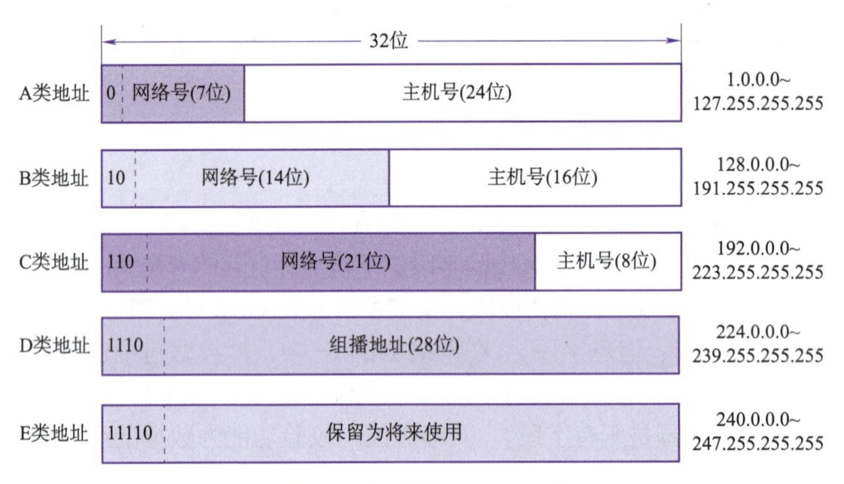

图 7.1 标准分类的 IP 地址

1. 特殊 IP 地址

在网络号和主机号的二进制数分别取全 0、全 1 时的地址作为特殊 IP 地址,只在特定的场合下使用,见表 7.1。

表 7.1 特殊 IP 地址

网络号	主机号	源地址	目的地址	含 义
0	0	可用	不可用	即 0.0.0.0,指在本网络上的本主机
0	host-id	可用	不可用	在本网络上的某个主机 host-id,如 A 类地址 0.2.3.4、B 类地址 0.0.16.84、C 类地址 0.0.0.21
全 1	全 1	不可用	可用	即 255.255.255.255,受限广播,只在本网络上进行广播,各路由器都不转发
net-id	全 1	不可用	可用	直接广播:对网络号 net-id 上的所有主机进行广播,如 A 类地址 110.255.255.255、B 类地址 180.31.255.255、C 类地址 210.31.32.255
127	任意数	可用	可用	回送测试:用于网络软件测试和本地进程间通信,如 127.0.0.1

2. 专用地址

专用地址是企业内部使用的地址,不能用于因特网,其使用不需要申请,在企业网分散管理、电子政务的内网、局域网络实验测试等场合使用普遍。当一个分组使用专用 IP 地址时,该网络如果有路由器连接到因特网,则路由器不会将该分组转发到因特网上。

专用地址有三类,见表 7.2。

表 7.2　专用地址

IP 地址类	前　缀	专用地址范围	地址总数
A	10/8	10.0.0.0~10.255.255.255	2^{24}
B	172.16/12	172.16.0.0~172.31.255.255	2^{20}
C	192.168/16	192.168.0.0~192.168.255.255	2^{16}

7.1.2　子网与超网编址方法

分类 IP 编址方法存在三个明显的问题:IP 地址的有效利用率问题、路由器的工作效率问题和两级 IP 地址不够灵活问题。为此,可以采用子网和超网编址方法。

1. 子网划分

在划分子网的情况下,路由表包含 3 项内容:目的网络地址、子网掩码和下一跳地址。

在选择路由时,使用表项中的子网掩码和目的 IP 地址操作,将其结果与表项中的目的网络地址相比较。若相等,表明匹配,则把数据报转发到该表项的下一跳地址。否则,执行默认路由等操作。

子网掩码是一个网络或一个子网的重要属性,其功能在于:只要将子网掩码和 IP 地址进行逐位“与”运算,就能立即得出网络地址。这有助于路由器的路由,方便查找路由表。现在因特网的标准规定:所有的网络都必须有一个子网掩码,同时在路由器的路由表中也必须有子网掩码项。如果一个网络不划分子网,则该网络的子网掩码使用默认子网掩码。A、B、C 类的默认子网掩码如下:

A 类地址的默认子网掩码:255.0.0.0;

B 类地址的默认子网掩码:255.255.0.0;

C 类地址的默认子网掩码:255.255.255.0。

2. 超网分类法 CIDR

无分类编址方法,即无分类域间路由选择 CIDR,于 1993 年提出,已经成为因特网的建议标准。CIDR 的研究思路是:将剩余的 IP 地址不按标准的地址分类规则,而是以可变大小地址块的方法进行分配。

CIDR 将 32 位的 IP 地址划分为前缀和后缀两部分,分别表示网络和主机两部分。两者的长度是灵活可变的。

CIDR 采用斜线标记法,即在 IP 地址后面加上斜线,再写上前缀所占的位数。例如,IP 地址 210.31.40.78/20,表示前缀占 20 位,主机号占 12 位。

7.1.3　IP 地址检验的程序设计方法

以下只针对 IPv4 标准。

1. IP 地址的合法性检验

标准划分的 IP 地址,占用 4 字节。其写法是字符串格式,由 3 个点号分隔,每部分都是 1 字节,最大是 255,最小是 0。因此,编程时,应先将 IP 地址分隔成 4 个部分,然后分别测试其所属范围,看是否属于[0, 255]。

下面是一段 C#语言代码：

```
string[] tmpStr;
char[] tmpChar={'.'};
string t1="152.13.25.37";
tmpStr=t1.Split(tmpChar);
int k=0;
if(tmpStr.Length==4)
{
    for(int i=0;i<4;i++)
    {
        if((tmpStr[i]>255)||(tmpStr[i]<0))
        {
            k++;
            break;
        }
    }
    if(k>0)
        MessageBox.Show("IP 地址数据超过范围!");
}
else
{
    MessageBox.Show("IP 地址长度有错!");
}
```

2. IP 类型检验

若要判断 IP 地址是否属于标准分类，即 A、B、C、D 和 E，则需要参照图 7.1 给出的范围，比对即可。

表 7.1 和表 7.2 内的 IP 地址，也很方便比较范围。

3. IP 所属子网检验

首先，判断 IP 地址、子网号和子网掩码的合法性。

为了判断某一 IP 地址是否属于某一子网，只需将二进制 IP 地址与子网掩码按位进行"与"运算。若运算结果与给定子网地址一致，则确定该 IP 地址属于给定的子网。

7.2 IP 包分析

在计算校验和之前，先介绍 IP 格式。

IP 数据报的结构如图 7.2 所示，它包括首部和数据两部分，首部包括 20 字节长的固定部分和可变的选项部分。

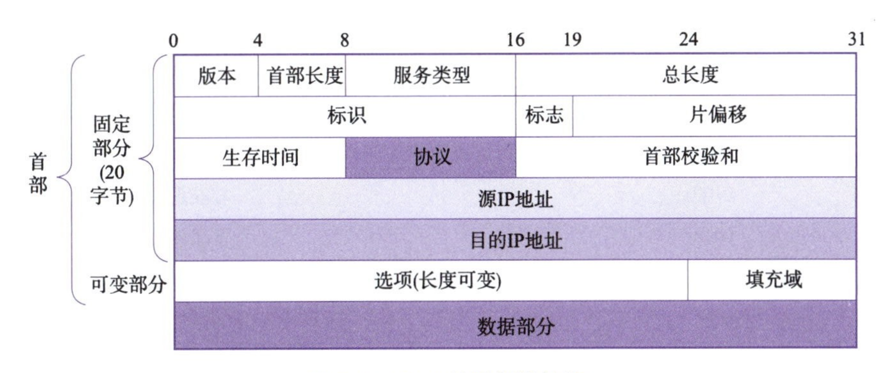

图 7.2　IPv4 数据报的结构

下面介绍各字段的含义：

(1)版本：占 4 位，指 IP 的版本，目前的版本号为 4，即 IPv4(以后将使用 IPv6)。

(2)首部长度和填充域：首部长度占 4 位，其单位是 32 位字，即 4 字节。其最大值为 15 个 4 字节，即 60 字节。因此，首部长度的范围是 20～60 字节。同时，协议规定：首部长度必须是 4 字节的整数倍，如果不是，就由填充域填 0 补齐。

(3)总长度：指以字节为单位的数据报总长度，包含了首部长度。由于占 16 位，则其最大值为 $2^{16}-1=65\ 535$(字节)。

(4)服务类型：占 8 位，用以获得更好的服务。该字段结构如图 7.3 所示。

b_7 b_6 b_5	b_4	b_3	b_2	b_1	b_0
优先级	D	T	R	C	0

图 7.3　服务类型字段的结构

优先级有八种，见表 7.3。优先级越高，表明数据包越重要。

在图 7.3 中，b_4、b_3、b_2、b_1 分别表示 D(延迟)、T(吞吐量)、R(可靠性)和 C(成本)，其构成见表 7.4。

表 7.3　优先级子域的说明

位数($b_7b_6b_5$)	意　义
111	网络控制
110	网络间控制
101	重要(CRITIC/ECP)
100	即时，优先
011	即时
010	立刻
001	优先
000	普通

表 7.4 服务类型子域

位数($b_4b_3b_2b_1$)	意 义
1111	安全级最高
1000	延迟最小
0100	吞吐量最大
0010	可靠性最大
0001	成本最小
0000	普通服务

(5)标识、标志和片偏移:这三个字段为数据报分片使用,其含义如下:

标识占16位,每批数据分配一个标识值,最多可以分配65 535个。同一个数据报的不同分片将使用相同的标识,目的结点根据该标识来重装数据报。

标志占3位,分别是0、DF和MF。DF的意思是"不能分片",只有当DF=0时才允许分片;MF=1,表示后面"还有分片"的数据报,MF=0,表示这是数据报片的最后一个。

片偏移占13位,以8字节为偏移单位,表示数据报分片后,某片在原分组中的相对位置。可见,每个分片的长度必定是8字节的整数倍。

(6)生存时间:占8位,表示数据报在网络中的寿命,实际是跳数限制,防止IP数据报在因特网中"兜圈子"。TTL的单位是跳数,指明数据报在因特网中至多可经过多少个路由器,最大值是255。

(7)协议:占8位,指数据报携带的数据所使用的协议。常用的一些协议和相应的协议字段值见表7.5。

表 7.5 常用的网络协议

协议字段值	1	2	3	4	6	8	17	88	89
协议名	ICMP	IGMP	GGP	IP	TCP	EGP	UDP	IGRP	OSPF

(8)首部校验和:占16位,只检验数据报的首部,不检验数据部分,可减少计算的工作量。

(9)源IP地址和目的IP地址:各占32位。数据报经过路由器转发时,这两个字段的值始终保持不变。路由器总是提取目的IP地址与路由表中的表项进行匹配,以决定把数据报转发到何处。

(10)选项:该字段用于排错、测量和安全等措施,长度为1~40字节。IP选项不常用,因此IPv4数据报首部长度一般都是20字节。IPv6数据报的首部长度是固定的。

7.3 IP的首部校验和计算

本节首先阐述设计需求和设计要点,然后通过两个编程示例,说明IP首部校验和计算的程序设计过程,及其验证方法。

7.3.1 设计需求案例

针对IP包结构,两人一组,共同设计良好的人机界面,并实现首部校验和的计算程序。

功能包括：

(1)在界面上，用户能够输入或编辑 IP 包各字段数据，例如，“协议”字段应该是下拉选择方式。

(2)程序能够自动检查 IP 地址的合法性，且主机可用。

(3)能够自动计算首部校验和的值，并显示计算结果。

(4)必须验证程序的正确性：基于 Wireshark 工具所抓取的真实 IP 包首部数据，能够成功检验首部校验和字段的计算程序。例如，以下是发出 ping 命令之后，捕获 ICMP 包的 IP 首部信息，可以用来检验“首部校验和”字段的计算结果。

下面给出一个界面设计案例，如图 7.4 所示，供读者参考。

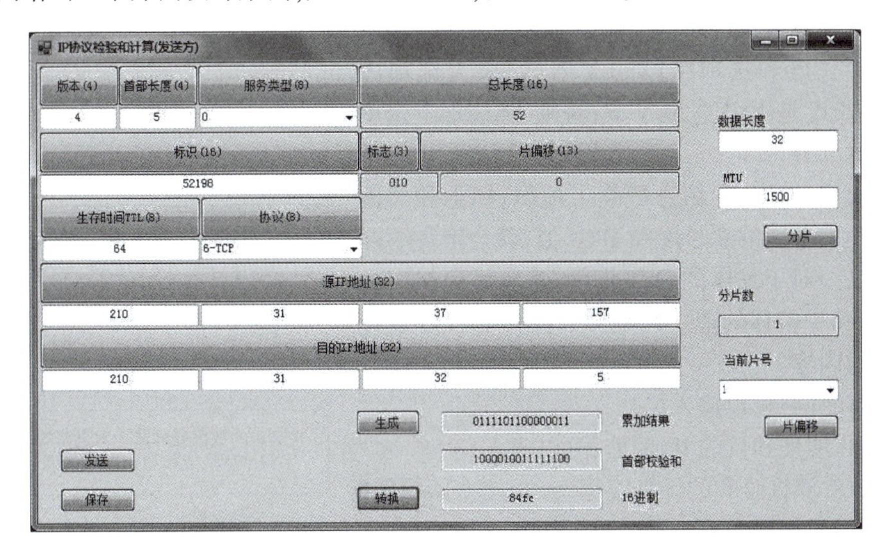

图 7.4　IP 首部校验和计算程序界面设计案例

为了检验程序的有效性，所测数据来源于网络抓包结果，如图 7.5 所示。采用 Wireshark 网络协议分析工具，捕获 FTP 网络服务的数据包，可以观察到 IP 首部的全部信息，比如标志字段值为 0x02，表示不能分片；协议字段值为 0x06，属于 TCP；校验和字段值为 0x84fc。

可见，程序计算的校验和也是 0x84fc，与网络数据包中的相同。

```
▷ Frame 1191 (66 bytes on wire, 66 bytes captured)
▷ Ethernet II, Src: AmbitMic_36:51:9a (00:02:8a:36:51:9a), Dst: Cisco_3b:38:c0 (00:16:9c:3b:38:c0)
◢ Internet Protocol, Src: 210.31.37.157 (210.31.37.157), Dst: 210.31.32.5 (210.31.32.5)
    Version: 4
    Header length: 20 bytes
  ◢ Differentiated Services Field: 0x00 (DSCP 0x00: Default; ECN: 0x00)
      0000 00.. = Differentiated Services Codepoint: Default (0x00)
      .... ..0. = ECN-Capable Transport (ECT): 0
      .... ...0 = ECN-CE: 0
    Total Length: 52
    Identification: 0xcbe6 (52198)
  ◢ Flags: 0x02 (Don't Fragment)
      0.. = Reserved bit: Not Set
      .1. = Don't fragment: Set
      ..0 = More fragments: Not Set
    Fragment offset: 0
    Time to live: 64
    Protocol: TCP (0x06)
  ▷ Header checksum: 0x84fc [correct]
    Source: 210.31.37.157 (210.31.37.157)
    Destination: 210.31.32.5 (210.31.32.5)
▷ Transmission Control Protocol, Src Port: bsquare-voip (1071), Dst Port: ftp (21), Seq: 1, Ack: 50, L
▷ File Transfer Protocol (FTP)
```

图 7.5　网络数据包的 IP 首部信息

7.3.2 首部校验和计算程序设计

(1)程序设计思路。

在编程时,重点有以下两个方面:

一要考虑收、发双方的界面设计和测试效果展示;二要分清楚 IP 首部的固定部分和变化部分。

固定部分包括:版本、服务类型、协议,版本仅指 IPv4,而服务类型是从表 7.3 和表 7.4 查询得到,可以设计为下拉列表方式。协议字段值参照表 7.5,也应该设计为下拉列表方式,供用户选择。

变化部分很多,具体有:

①报头长度和选项字段的关系:如果无选项内容,则报头长度是固定的 20 字节;否则,还应加上选项和填充字段部分。

②总长度及其分片信息影响了标识、标志和片偏移的值。输入不同的总长度和 MTU 值,就会产生不同的分片结果。对于具体的一个分片,就会得到相应的标识、标志和片偏移的值。这是界面操作和程序设计必须考虑的内容。

③生存时间:可以输入。

④源 IP 地址和目的 IP 地址:可以输入。

(2)IP 首部校验和的计算流程。

①把 IP 数据报的校验和字段置为 0;

②把首部看成以 16 位为单位的数字组成,依次进行二进制求和(注意:求和时应将最高位的进位保存,所以加法应采用 32 位加法);

③将上述加法过程中产生的进位(最高位的进位)加到低 16 位(采用 32 位加法时,即将高 16 位与低 16 位相加,之后还要把该次加法最高位产生的进位加到低 16 位);

④将上述的和取反,即得到校验和。

计算流程图如图 7.6 所示。

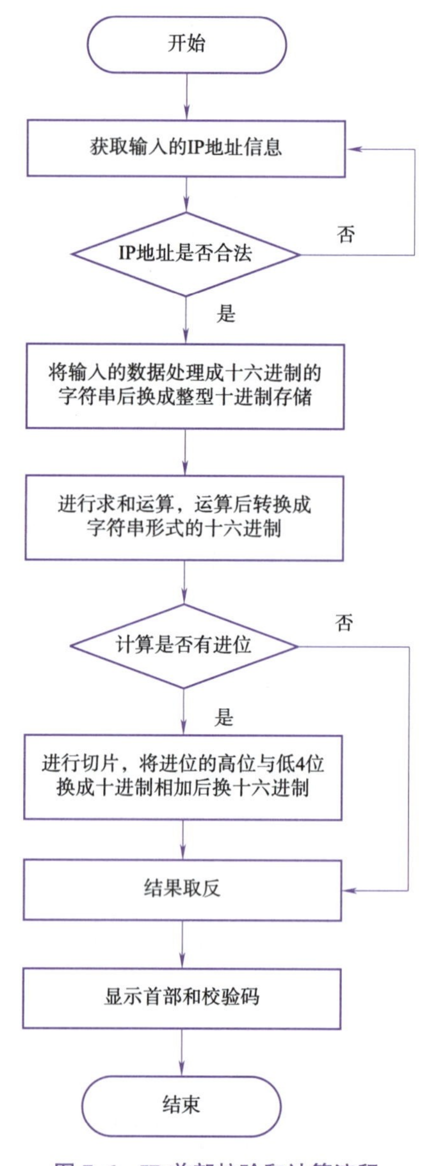

图 7.6 IP 首部校验和计算流程

7.3.3 校验和计算编程案例一

(1)数据标准化。

首先,程序需要从交互界面获取十进制表示的各部分数据,并转换成十六进制形式的字符串,进行标准化,若不进行标准化,则容易在不同信息合并中因为结束出现问题。下面给出部分 Java 程序片段示例。

采用 Integer. toHexString( )语句将数据转化为十

六进制。

```
headLength = Integer. parseInt ("0" + textField_4. getText ()); //首部长度
serverType = String. valueOf (comboBox_2. getSelectedItem ()); //服务类型
allLength = addZero (Integer. toHexString (Integer. parseInt (textField_6. getText
())), 4);  //总长度
```

最后将数据用“0”补位，使其运算正确。采用 addZero( )函数将数据补位。

```
flag = addZero (textField_8. getText (), 2);  //标志  2 位补位
offset = addZero (textField_9. getText (), 2); //偏移量  2 位补位
```

(2)进行求和运算。

数据为字符串形式的十六进制进行相加。

```
//九个十六进制数
sum1 = ipVer + headLength + serverType;
sum2 = allLength;
sum3 = identification;
sum4 = flag + offset;
sum5 = surviveTime + ipProtocol;
sum6 = addZero (Integer. toHexString (ip1), 2) + addZero (Integer. toHexString
(ip2), 2);
sum7 = addZero (Integer. toHexString (ip3), 2) + addZero (Integer. toHexString
(ip4), 2);
sum8 = addZero (Integer. toHexString (ip5), 2) + addZero (Integer. toHexString
(ip6), 2);
sum9 = addZero (Integer. toHexString (ip7), 2) + addZero (Integer. toHexString
(ip8), 2);
```

(3)判断是否溢出。

若溢出，依次将最高位的数字加在低位上，直到满足 4 位的十六进制。采用 stringObject，substring(start，stop)返回的子串包括 start 处的字符，但不包括 stop 处的字符。

```
tempSum = Integer. toHexString (intSum). substring (Integer. toHexString (intSum)
. length () 4,
Integer. toHexString (intSum) . length ());  //后四位数 stringObject. substring
(start, stop)返回的子串包括 start 处的字符,但不包括 stop 处的字符。
tempSum2 = Integer. toHexString (intSum) . substring (0, Integer. toHexString
(intSum). length () -4);  //进位的数
intSum2 = Integer. parseInt (Integer. valueOf (tempSum, 16). toString ()) +
Integer. parseInt (Integer. valueOf (tempSum2, 16). toString ());  //两数相加
```

(4)将结果转为二进制取反后转为十六进制。

```
biSum = Integer. toBinaryString (intSum2);                //转化为二进制
stringSum = Integer. toHexString (~ Integer. parseInt (Integer. valueOf (biSum,
2). toString ())). substring (4, 8); //取反后转化为十六进制
```

(5)抓包验证。

如图 7.7 所示,利用 Wireshark 抓出的数据进行验证,可看出程序运行结果正确。

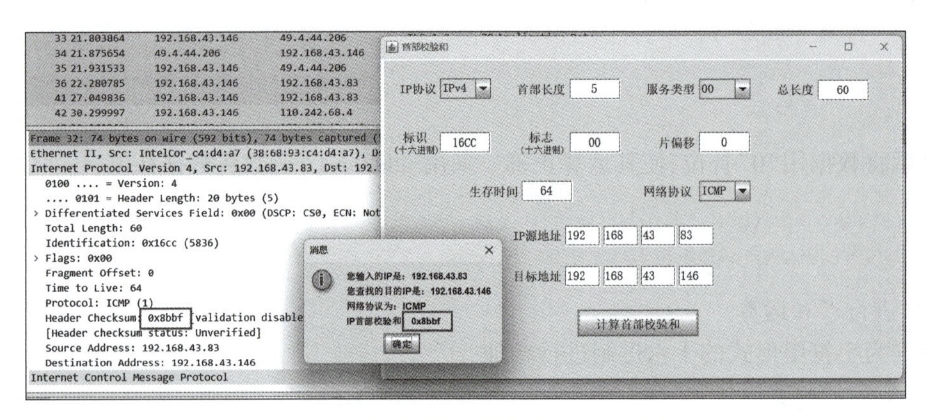

图 7.7 运行结果与网络抓包数据做对比

7.3.4 校验和计算编程案例二

下面以 Python 语言为例,说明部分可选字段的编程方法,以及输入数据校验,最后进行 IP 首部校验和计算。

(1)服务类型优先级子域的下拉列表设计。

```
def go_stP_numchosen(* args):  #处理事件,* args 表示可变参数
    drop_down_values_priority=numberChosen_service_type_Priority.get()
    print(drop_down_values_priority)  #打印选中的值

#服务类型的优先级下拉菜单选项
button_service_type_Priority = tkinter.Button(top, text ="服务类型优先级",
command=lambda :showinfo(2))
button_service_type_Priority.place(x=170, y=10, width=110, height=20)

number_service_type_Priority = tkinter.StringVar()
numberChosen_service_type_Priority = ttk.Combobox(top, width = 12,
textvariable=number_service_type_Priority)
numberChosen_service_type_Priority['values'] = (111,110,101,100,"000","
011","010","001")  #设置下拉列表的值
numberChosen_service_type_Priority.place(x=170, y=30, width=110, height=20)
#设置其在界面中出现的位置,column 代表列,row 代表行
numberChosen_service_type_Priority.current(0)  #默认 numberChosen 的第一个值为
索引为 0 的值
numberChosen_service_type_Priority.bind("<<ComboboxSelected>>", go_stP_
numchosen)
#绑定事件(下拉列表框被选中时,绑定 go()函数)
```

(2)服务类型 TOP 子域的下拉列表设计。

```
#用来处理获取下拉选择的函数
def go_stT_numchosen(* args):  #处理事件,* args 表示可变参数
    drop_down_values_TOP =numberChosen_service_type_TOP.get()
    print(drop_down_values_TOP)  #打印选中的值
    return numberChosen_service_type_TOP.get()  #这个得返回不能直接调用,要不不是
正确的值

#服务类型的 TOP 子字段下拉菜单选项
button_service_type_TOP = tkinter.Button(top, text="服务类型 TOP 子字段",
command=lambda: showinfo(3))
button_service_type_TOP.place(x=275, y=10, width=120, height=20)
number_service_type_TOP = tkinter.StringVar()
numberChosen_service_type_TOP = ttk.Combobox(top, width=12, textvariable=
number_service_type_TOP)
numberChosen_service_type_TOP['value'] = (1000,'0100','0010','0001','0000')
# 设置下拉列表的值
numberChosen_service_type_TOP.place(x=275, y=30, width=120, height=20)
#设置其在界面中出现的位置,column 代表列, row 代表行
numberChosen_service_type_TOP.current(0)  #默认 numberChosen 的第一个值为索引为
0 的值
numberChosen_service_type_TOP.bind("<<ComboboxSelected>>", go_stT_numchosen)
# 绑定事件(下拉列表框被选中时,绑定 go()函数)
a=number_service_type_TOP.get()
```

(3)协议类型字段的下拉设计。

```
#用来获取下拉选择的协议,并将协议转化成数字
def go_protocol(* args):  #处理事件,* args 表示可变参数
    drop_down_values_protocol =  numberChosen_protocol.get()
    #打印选中的值
    proctol_dict = {'ICMP': '1', 'IGMP': '2', 'GGP': '3', 'IP': '4', 'TCP': '6', 'EGP':
'8', 'UDP': 17,'ICRP': 88, 'OSPF': 89}
    print(proctol_dict.get(drop_down_values_protocol))
    return proctol_dict.get(drop_down_values_protocol)  #这个得返回不能直接调
用,否则不是正确的值

#协议下拉菜单选项
button_protocol = tkinter.Button(top, text="协议", command=lambda: showinfo
(9))
button_protocol.place(x=170, y=90, width=160, height=20)
number_protocol = tkinter.StringVar()
numberChosen_protocol = ttk.Combobox(top, width=12, textvariable=number_
protocol)
```

```
    numberChosen_protocol['values'] = ('ICMP', 'IGMP', 'GGP', 'IP', 'TCP', 'EGP',
'UDP', 'IGRP', 'OSPF')
    #设置下拉列表的值
    numberChosen_protocol.place(x=170, y=110, width=160, height=20)
    #设置其在界面中出现的位置,column 代表列, row 代表行
    numberChosen_protocol.current(0)# 默认 numberChosen 的第一个值为索引为 0 的值
    numberChosen_protocol.bind("<<ComboboxSelected>>", go_protocol)
```

（4）校验程序设计。

```
    def iP_checkSum():
        #协议字典
        proctol_dict = {'ICMP': '1', 'IGMP': '2', 'GGP': '3', 'IP': '4', 'TCP': '6', 'EGP':
'8', 'UDP': 17,'IGRP': 88, 'OSPF': 89}
        #开始计算
        #前三行处理
        data_version_num = '{:0>4}'.format(bin(int(version_num.get()))[2:])#版本
号数据获取
        data_head_length = '{:0>4}'.format(bin(int(head_length.get()))[2:]) #首部
长度数据获取
        data_service_type = number_service_type_Priority.get()+number_service_
type_TOP.get() + '0'# 服务协议数据获取并完成处理
        data_number_sum_length = '{:0>16}'.format(bin(int(number_sum_length.get
()))[2:])#总长度数据获取
        data_number_identify = '{:0>16}'.format(bin(int(number_identify.get()))
[2:]) #标识数据获取
        data_nuber_sign = '{:0>3}'.format(number_sign.get())# 标志数据获取
        data_number_slice_offset = '{:0>13}'.format(bin(int(number_slice_
offset.get()))[2:])#片偏移数据获取
        data_number_survival_time = '{:0>8}'.format(bin(int(number_survival_
time.get()))[2:])#生存时间数据获取
        data_number_protocol = '{:0>8}'.format(bin(int(proctol_dict.get
(numberChosen_protocol.get())))[2:])#协议数据获取
        #IP 地址处理
        data_num_ULONG_sourceIP1 = '{:0>8}'.format(bin(int(num_ULONG_
sourceIP1.get()))[2:])#源 IP 第一个
        data_num_ULONG_sourceIP2 = '{:0>8}'.format(bin(int(num_ULONG_
sourceIP2.get()))[2:])
        data_num_ULONG_sourceIP3 = '{:0>8}'.format(bin(int(num_ULONG_
sourceIP3.get()))[2:])
        data_num_ULONG_sourceIP4 = '{:0>8}'.format(bin(int(num_ULONG_
sourceIP4.get()))[2:])
        data_num_destination1 = '{:0>8}'.format(bin(int(num_destination1.get()))
[2:])#目的 ip 第一个
```

```
        data_num_destination2 = '{:0>8}'.format(bin(int(num_destination2.get()))
[2:])
        data_num_destination3 = '{:0>8}'.format(bin(int(num_destination3.get()))
[2:])
        data_num_destination4 = '{:0>8}'.format(bin(int(num_destination4.get()))
[2:])
        #每隔16位相加获取
        inter_var1 = int((data_version_num + data_head_length + data_service_
type), 2)
        inter_var2 = int(data_number_sum_length, 2)
        inter_var3 = int(data_number_identify, 2)
        inter_var4 = int((data_nuber_sign + data_number_slice_offset), 2)
        inter_var5 = int((data_number_survival_time + data_number_protocol), 2)
        inter_var6 = int((data_num_ULONG_sourceIP1 + data_num_ULONG_sourceIP2), 2)
        inter_var7 = int((data_num_ULONG_sourceIP3 + data_num_ULONG_sourceIP4), 2)
        inter_var8 = int((data_num_destination1 + data_num_destination2), 2)
        inter_var9 = int((data_num_destination3 + data_num_destination4), 2)
        inter_array = [inter_var1,inter_var2, inter_var3,inter_var4, inter_var5,
inter_var6, inter_var7, inter_var8, inter_var9]
        #溢出则将溢出的部分相加到尾部
    l = 0
    for i in inter_array:
        l = l + i
        if l > 65535:
            l = int(l % 65536) + int(l / 65536)
    result = '{:0>16}'.format(bin(l)[2:])
    result_t = ''
    #取反码
    for i in result:
        if i == '1':
            i = '0'
            result_t = result_t + i
        elif i == '0':
            i = '1'
            result_t = result_t + i
    result_t = ('{:0>4}'.format(hex(int(result_t, 2))[2:])).upper()
    ChecksumOutput.set(result_t)
```

(5)程序验证。

先抓取真实网络数据,随机选择一个,比如TCP包,其IP字段如图7.8所示。

将以上数据输入到程序界面上,单击“计算校验和”按钮,获得计算结果为0x515E,如图7.9所示。计算结果与图7.8所示的校验字段值相同。

```
> Frame 1158: 54 bytes on wire (432 bits), 54 bytes captured (432 bits) on interface \Device\NPF_{1E8
> Ethernet II, Src: Tp-LinkT_28:83:66 (24:69:68:28:83:66), Dst: IntelCor_e0:79:5f (bc:f1:71:e0:79:5f)
v Internet Protocol Version 4, Src: 119.3.191.240, Dst: 192.168.0.108
    0100 .... = Version: 4
    .... 0101 = Header Length: 20 bytes (5)
  v Differentiated Services Field: 0x00 (DSCP: CS0, ECN: Not-ECT)
      0000 00.. = Differentiated Services Codepoint: Default (0)
      .... ..00 = Explicit Congestion Notification: Not ECN-Capable Transport (0)
    Total Length: 40
    Identification: 0xff69 (65385)
  v 010. .... = Flags: 0x2, Don't fragment
      0... .... = Reserved bit: Not set
      .1.. .... = Don't fragment: Set
      ..0. .... = More fragments: Not set
    ...0 0000 0000 0000 = Fragment Offset: 0
    Time to Live: 50
    Protocol: TCP (6)
    Header Checksum: 0x515e [validation disabled]
    [Header checksum status: Unverified]
    Source Address: 119.3.191.240
    Destination Address: 192.168.0.108
> Transmission Control Protocol, Src Port: 443, Dst Port: 13722, Seq: 5276, Ack: 1551, Len: 0
```

图 7.8 真实 IP 数据包字段信息

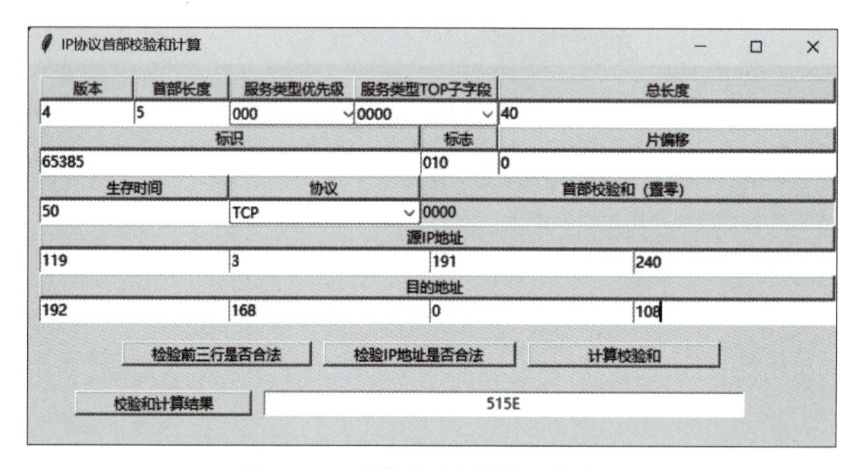

图 7.9 IP 首部校验和计算程序验证

7.4 UDP 报文封装程序设计

在 UDP 报文中,字段“校验和”的求解很重要,它涉及到伪首部和 UDP 报文的全部字段信息。

7.4.1 UDP 报文格式

UDP 报文由首部和数据组成,而首部由 4 个字段组成,分别是源端口号、目的端口号、总长度和校验和,分别占用 2 字节,如图 7.10 所示。

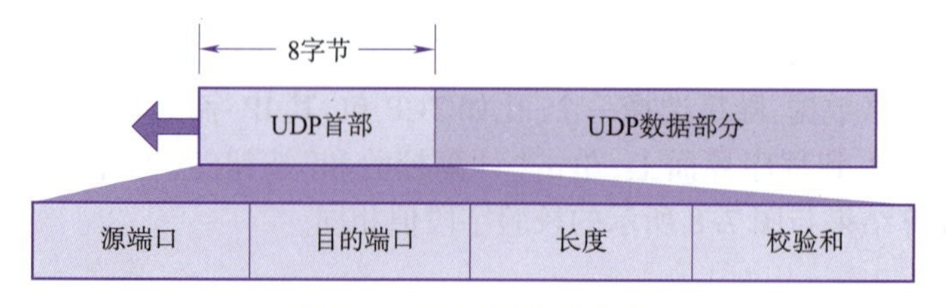

图 7.10 UDP 报文的首部

各字段的含义如下：

(1)源端口：指运行于源主机上的进程的端口号，在需要对方回信时使用，不需要时可以为 0。如果该主机是客户机，则该端口号通常是动态端口；若主机是服务器，则该端口往往是熟知端口。

(2)目的端口：指运行于目的主机上的进程的端口号，必须使用。

(3)长度：指 UDP 数据报的总长度，单位是字节。

(4)校验和：用于检测整个用户数据报在传输中是否有错。如果有错，该报文就会被丢弃，不再上传到应用层。

7.4.2　UDP 的校验和计算方法

UDP 的校验和计算内容包括 3 部分：伪首部、UDP 首部和用户数据，即在 UDP 数据报前面增加一个伪首部，它是 IP 包的首部，如图 7.11 所示。

源 IP 地址和目的 IP 地址都是 32 位长度。在协议字段中，对于 UDP，其值填入 17。在长度字段中，就是指 UDP 数据报的总长度。

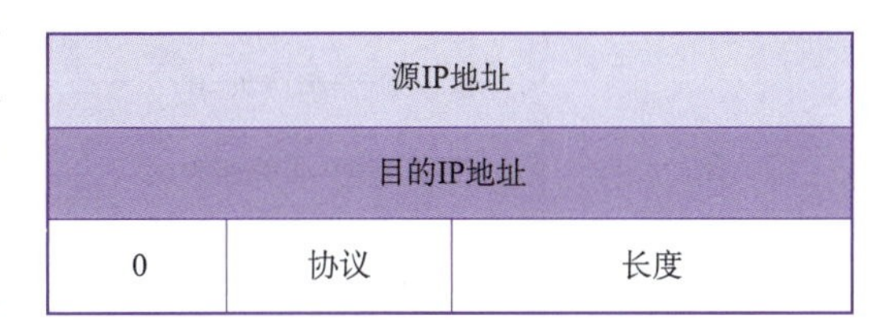

图 7.11　UDP 校验和计算的伪首部

将伪首部和 UDP 数据报组合在一起，以 16 位为单位划分这些数据后，进行二进制反码求和运算，该值的反码就是校验和。注意，在划分前，校验和字段数填 0。而且，如果 UDP 数据部分的长度是奇数，则需要在其后增补一个全 0 字节，以便使所有数据都能构成 16 位数据。

在接收方，也参照以上过程进行计算，如果求和结果是全 1，则接收该 UDP 数据报并上传到应用层；否则，认为该数据报是错误的，作丢弃处理。

如果计算校验和的结果是 0，则必须设置其补码(即全 1)。当校验和字段中填 0 时，表示不进行校验。

注意，反码求和算法是校验和的一种变通算法，也称为 1 的补码和，是指带循环进位的加法，将最高位溢出加到最低位。所以，最高位如果有进位，应循环进到最低位。

在发送端，校验和的计算还可以通过以下方式实现：首先将所有的 16 位整数进行二进制取反运算，然后逐一累加这些 16 位整数的反码。当累加结果中出现进位时，将之与累加结果进行累加。直到将所有的 16 位整数累加完毕，才会形成 16 位校验和。实际上，这与上述校验和计算原理是相同的。下面给出校验和的 C 语言实现函数：

```
unsigned short checksum(unsigned short * buf, int nword)
{
    unsigned long sum;
    for(sum = 0; nword > 0; nword--)
        sum += * buf++;                  //求和
    sum = (sum>>16) + (sum&0xffff);      //把 sum 的高 16 位加到低 16 位
    sum += (sum>>16);                    //把 sum 的进位加到低 16 位
    return ~sum;                         //求反码后返回,实际只有低 16 位有用
}
```

7.4.3 UDP 报文封装编程示例

封装程序比较简单,其难点之一是计算校验和。

下面给出一个校验和计算的界面设计示例,如图 7.12 所示,假设 UDP 数据只有 7 字节,内容为 TESTING。源端口和目的端口分别为 1087 和 13。

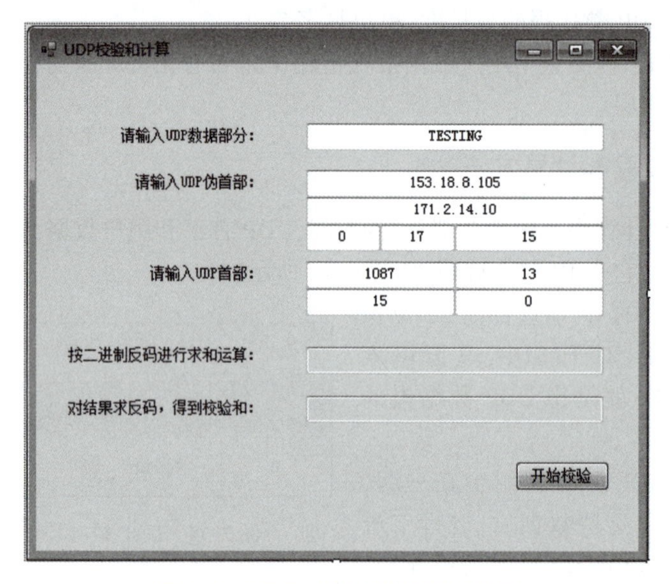

图 7.12 UDP 校验和计算程序界面

在程序测试时,对通过实际抓包得到的 UDP 报文进行检验,以图 7.13 为例,将图中相应字段的值填入程序界面中,看计算结果是否等于 0xfbd6。

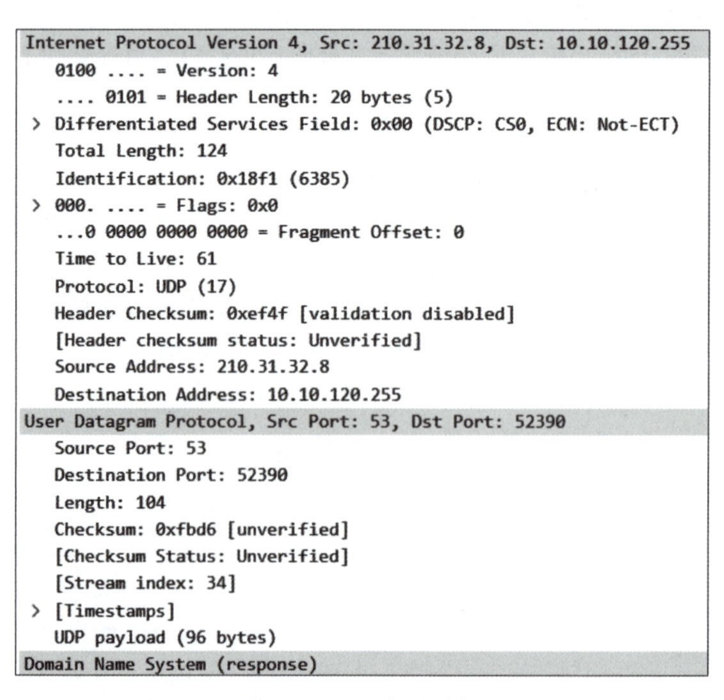

图 7.13 UDP 报文实例

7.4.4　UDP 报文发送编程案例

下面以 Python 编程为例，阐述 UDP 数据包的发送方法，如图 7.14 是发送界面，图 7.15 是接收界面，采用网络调试助手。

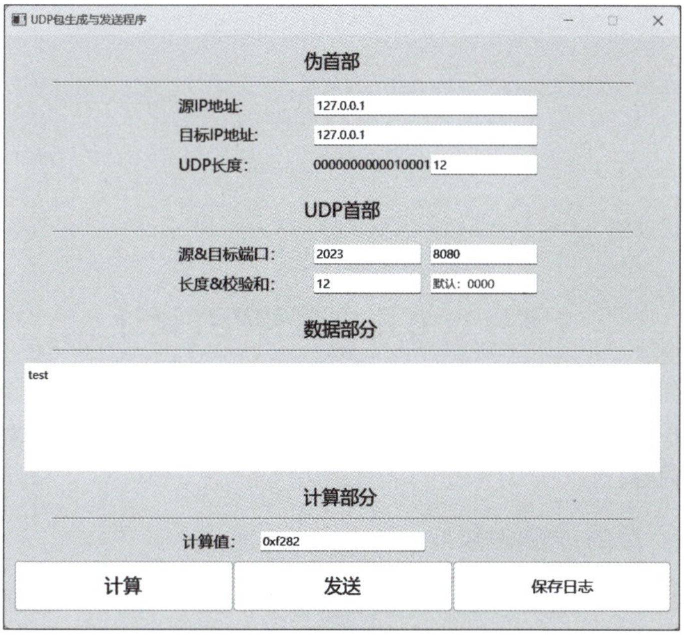

图 7.14　UDP 报文生成与发送示例

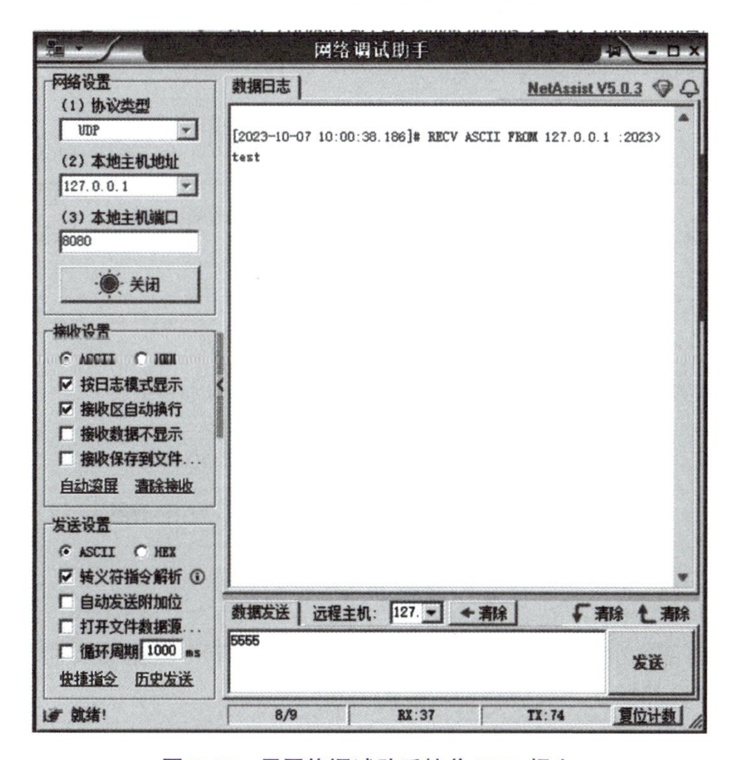

图 7.15　用网络调试助手接收 UDP 报文

首先,要引用套接字类库:import socket。接着,创建数据报套接字,绑定本地地址和端口号。然后,调用 sendto()方法,将数据发送到远程。具体示例程序片段如下:

```
sourceip = self.lineEdit.text()                                  #源 IP 地址
destip = self.lineEdit_2.text()                                  #目的 IP 地址
sourceport = self.lineEdit_4.text()                              #源端口号
destport = self.lineEdit_5.text()                                #目的端口号
datasend = self.textEdit.toPlainText()                           #待发数据
s = socket.socket(socket.AF_INET, socket.SOCK_DGRAM)             #数据报套接字
s.bind((sourceip, eval(sourceport)))                             #绑定操作
s.sendto(datasend.encode(), (destip, eval(destport)))            #发送
```

7.5 TCP 报文封装程序设计

在 TCP/IP 协议族中,TCP 既重要又复杂,其可靠传输、流量控制和拥塞控制技术都可以作为课程设计的内容。

7.5.1 TCP 报文段的首部格式

TCP 传送的数据单元是报文段,报文段包含首部和数据两部分,而首部中各字段的作用体现了 TCP 的全部功能。只有明确这些字段的含义和作用,才能掌握 TCP 的工作原理。

TCP 报文段的首部格式如图 7.16 所示。

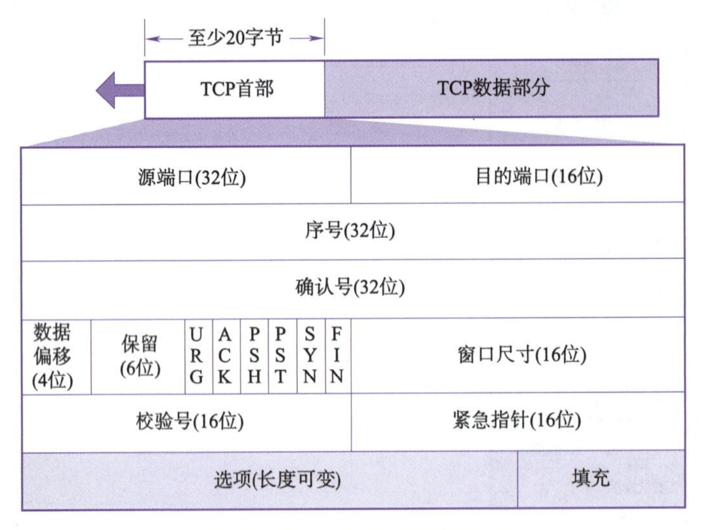

图 7.16 TCP 报文段的首部格式

TCP 报文段首部的前 20 字节是固定的,后面有 $4N$ 字节可根据需要而增加的选项(N 为整数),因此,TCP 首部的最小长度是 20 字节。

(1)源端口和目的端口:分别对应源端口号和目的端口号。

(2)序号:指每个报文段的序号,前文已有说明。在连接建立阶段,即随机产生初始序

号,其范围是[0,$2^{32}-1$],每个传输方向上的初始序号通常不同。例如,如果初始序号为 2 367,且第 1 个报文段携带 1 000 字节数据,则该段的序号是 2 369(2 367 和 2 368 用于连接建立);第 2 个报文段携带 500 字节数据,其序号为 3 369。

(3)确认号:指期望收到对方下一个报文段的序号,也表明已经正确收到了该序号之前的所有数据。

(4)数据偏移:指出 TCP 报文段的首部长度,单位是 32 位的字。由于选项长度不能超过 40 字节,因此 TCP 首部的最大长度为 60 字节,最小为 20 字节。数据偏移字段占用 4 位,则其最小值是 20/4=5,即 0 101;最大值为 60/4=15,即 0 111。

(5)保留:为今后使用,目前应置为 0。该字段有时用于隐蔽通信。

(6)6 个标志位:用于区分不同类型的 TCP 报文,其含义见表 7.6。

表 7.6　TCP 首部标志位的含义

标志位	含义与应用
URG	表明此报文段中包含紧急数据,应尽快传送。紧急数据(如键盘中断命令【Ctrl+C】)将插入到本报文段数据的最前面,实现优先发送
ACK	表明确认号字段有效。在连接建立后所有传送的报文段都必须把 ACK 置 1
PSH	表明应尽快将此报文段交付给对方,而不需要等待缓存未满时才交付。适于交互式通信这类推送操作,但很少使用
RST	表明 TCP 连接必须重新建立。用于连接出现严重差错(如主机崩溃),还可用来拒绝一个非法的报文段,或拒绝打开一个连接
SYN	在连接建立时用来同步序号
FIN	表明数据已发送完毕,要求释放连接

(7)窗口尺寸:表明允许对方发送的数据量,以字节为单位。窗口尺寸是让对方作为设置其发送窗口的依据,经常动态变化,TCP 使用窗口机制进行流量控制。

(8)校验和:校验范围包括伪首部、TCP 首部和数据三部分。与 UDP 校验和的计算方法相同,只是伪首部中的协议字段值为 6。

(9)紧急指针:指出了紧急数据的末尾在报文段中的位置,仅在 URG=1 时才有意义。注意,即使窗口尺寸为 0 时也可发送紧急数据。

(10)选项:长度为 0~40 字节且可变,必须填充为 4 字节的整数倍。最常用的选项字段是最大报文段长度 MSS(maximum segment size)。MSS 是 TCP 报文段中数据字段的最大长度,即 MSS=TCP 报文段长度-TCP 首部长度。MSS 的选用既要提高网络利用率,又在 IP 层传输时尽量不再分片,因此最佳的 MSS 很难确定。MSS 默认为 536 字节长,则所有主机都能接收的报文段长度为 536+20=556(字节)。

7.5.2　TCP 报文的校验和计算程序设计

下面给出界面设计示例,如图 7.17 所示。

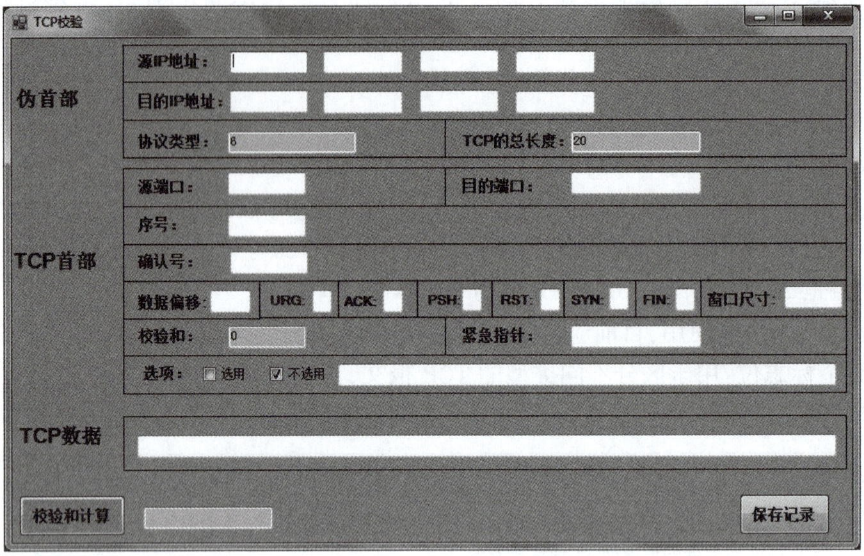

图 7.17 TCP 报文校验和计算程序界面设计示例

测试程序时,应该采用网络抓包实例中的数据以下为 C#语言程序。

(1)编码技术。

```
/// <param name="s"></param>
/// <param name="charset">编码方式,如"utf-8","gb2312"</param>
/// <param name="fenge">是否每字符用逗号分隔</param>
/// <returns></returns>
public static string ToHex(string s, string charset)/// 从编码内容转换到 16 进制。
{
    System.Text.Encoding chs = System.Text.Encoding.GetEncoding(charset);///
选择编码方式
    byte[] bytes = chs.GetBytes(s);
    string str = "";
    for (int i = 0; i < bytes.Length; i++)
    {
        str += string.Format("{0:X}", bytes[i]);
    }
    return str.ToUpper ();
}
```

以 TCP 数据为例,如果输入的是汉字,则计算字节长度语句如下:

```
string t1 = ToHex(tcpData.Text, "gb2312"); ///////////////汉字转 16 进制
if (t1.Length % 4 == 0)
{ a = t1.Length / 2; }
else
{ a = t1.Length /2 + 1; }
```

(2)IP 地址数据转换。

以图 7.15 为例,将输入的源 IP 地址由十进制数据转换为十六进制数据,程序示例:

```
    string×1 = To2(Convert.ToString(Convert.ToInt32(textBox1.Text), 16)) + To2
(Convert.ToString(Convert.ToInt32(textBox2.Text), 16));
    string×2 = To2(Convert.ToString(Convert.ToInt32(textBox3.Text), 16)) + To2
(Convert.ToString(Convert.ToInt32(textBox4.Text), 16));

    public string To2(string a)
    {
        //判断长度,如果不够两位,在左边填充 '0'以补够两位
        if (a.Length < 2)
        {
            return a.PadLeft(2, '0');
        }
        //如果长度超过两位,直接返回
        return a;
    }
```

(3)数据偏移字段的输入要求。

由于该字段的单位是 32 位字,因此按十进制数据输入时,必须位于 5~15。

以下给出了在 textBox10 输入框移出焦点时的事件处理程序:

```
private void textBox10_MouseLeave(object sender, EventArgs e)
{
    string t1 = textBox10.Text.Trim();
    if (t1 ! = "")
    {
        short t2 = Convert.ToInt16(t1);
        if ((t2 > 15) || (t2 < 5))
        {
            MessageBox.Show("数据偏移必须位于 5~15");
            textBox10.Text = "";
            textBox10.Focus();
        }
    }
}
```

TCP 报文的发送,与 UDP 的类似。

小　　结

本章内容主要包括三方面:一是 IP 的首部校验和计算,包括 IP 地址合法检查、IP 报文各字段的使用和内容填报方法、各模块的程序代码等,部分字段属于下拉选择;二是 UDP 的

校验和计算,属于传输层内容,其计算范围包括了伪首部和协议数据包的所有字段,阐述了UDP描述及其校验和计算的编程案例;三是TCP的校验和计算,属于传输层内容,其计算范围也包括了伪首部和协议数据包的所有字段,阐述了TCP描述及其校验和计算的编程案例。以上案例具有典型性,具有参考价值。

习 题

1. 按标准划分,IP地址划分有哪5类?请给出其IP地址范围。

2. 专用网络地址划分为哪三类?

3. IP报文的"服务类型"字段,其标准描述和内容都有了更新。请查阅更新文档,撰写使用方法和示例,构建IP包。

4. 编写一个计算IP报文中首部校验和的程序,并且通过抓包随机选择一个数据报,提取出IP报文首部部分,根据程序计算出校验和的计算值,与报文中的校验和对比,检验程序的正确性,若计算结果为0则保留数据报,否则丢弃。

5. 编写程序,模拟实现TCP的报文封装和发送过程。采用网络调试助手工具NetAssist,进行TCP包的接收和发送测试。

6. 编写程序,模拟实现UDP的报文封装和发送过程。测试方法同题5。

第 8 章 网络主机与端口扫描程序设计

在网络攻防实验中，需要知己知彼。首先要探测远程主机的可连接状态。在远程防火墙关闭情况下，通过发送 ICMP 包就可以了解远程主机是否关闭。如果是打开状态，则通过网络进程通信，进一步探测其端口号和对应的网络服务有哪些？这些内容构成了网络扫描的基本要求，其编程要点是套接字技术。主机扫描涉及网络层的 IP 和 ICMP，需要用到原始套接字技术。端口扫描涉及传输层的 TCP 和 UDP，需要分别用到流式套接字和数据报套接字技术。

学习目标

（1）学习原始套接字编程方法，能够编写主机扫描程序。

（2）深入理解 ICMP，能够编程实现多线程端口扫描功能。

8.1 ICMP 报文

IP 提供的是无连接的数据报传送服务，是一种“尽力而为”的服务，它不提供差错校验和跟踪，其错误处理方法是直接丢弃数据报，然后根据 ICMP（internet control message protocol）发送消息报文给源主机。可靠保证机制需要通过传输层的 TCP 来实现。

8.1.1 ICMP 格式

ICMP 报文作为 IP 层数据报的数据，加上数据报的首部后，组成 IP 数据报发送出去。IP 首部的 Protocol 值为 1，说明这是一个 ICMP 报文。ICMP 数据报的格式如图 8.1 所示，ICMP 首部中的类型域用于说明 ICMP 报文的作用及格式，ICMP 代码域用于详细说明某种 ICMP 报文的类型。

ICMP类型 (1 B)	ICMP代码 (1 B)	校验和 (2 B)
标识符(2 B)		序列码(2 B)
ICMP数据		

图 8.1　ICMP 数据报的格式

8.1.2 ICMP 报文分析

ICMP 允许主机或路由器报告差错情况和提供有关异常情况的报告，其报文类型有两类：差错报告报文和查询报文，具体分类如图 8.2 所示。

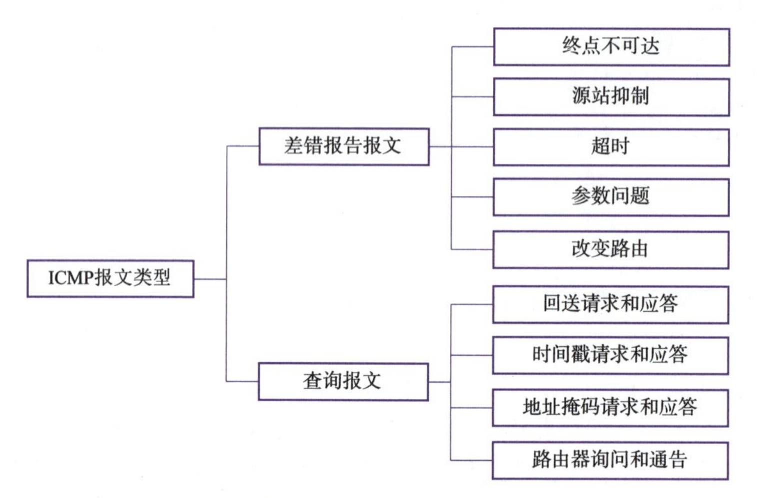

图 8.2 ICMP 报文类型

ICMP 差错报告报文共有五种，具体内容如下：

(1)终点不可达：当路由器或主机不能交付数据报时，就丢弃该数据报，然后向源点发送终点不可达报文。由于与网络、主机、协议和端口等相关，这种报文可以分为以下类型：

①网络不可达：指找不到目的网络。

②主机不可达：如果找到了目的网络，也知道该主机存在，但主机不工作或没有连接在网络上，无法送数据报到目的主机。

③协议不可达：如果找到了目的网络和目的主机，但 IP 数据报携带的数据协议格式与目的结点使用的不同，表明源站和目的站的协议不相同。

④端口不可达：指虽然目的网络、目的主机和协议类型都正确，但是端口号不对。

⑤源路由失败：由源主机路由选择选项中指定的一个或多个路由器无法通过时，路由器发出该报文。

一般协议不可达和端口不可达报文由主机发出，其他报文由路由器发出。

(2)源站抑制：当路由器或主机由于拥塞而丢弃数据报时，就向源站发送该报文，使源站知道应该降低发送速率。

(3)超时：当路由器收到生存时间(TTL)为零的数据报时，除丢弃该数据报外，还要向源站发送超时报文。或者，当终点在预先规定的时间内不能收到一个数据报的全部数据报片时，就把已收到的数据报片全部丢弃，并向源站发送超时报文。

(4)参数问题：当路由器或目的主机收到的数据报的首部中，有的字段的值不正确时，就丢弃该数据报，并向源站发送参数问题报文。

(5)改变路由：路由器将改变路由报文发送给主机，让主机下次主动将数据报发送给另外的路由器。

常用的 ICMP 查询报文有两种,即:

(1)回送请求和应答:回送请求报文由主机或路由器向一个特定的目的主机发出,收到此报文的主机必须给源站发送 ICMP 应答报文。这种报文用来测试目的站是否可达等信息。

(2)时间戳请求和应答:指请求某主机或路由器回答当前的日期和时间,可用来进行时钟同步和测量时间。

RFC 定义了 15 种 ICMP 报文格式,具体见表 8.1。

表 8.1　ICMP 类型与代码描述

类型	代码	描　述	查询	差错报告
0	0	Echo Reply——回显应答(Ping 应答)	√	
3	0	Network Unreachable——网络不可达		√
3	1	Host Unreachable——主机不可达		√
3	2	Protocol Unreachable——协议不可达		√
3	3	Port Unreachable——端口不可达		√
3	4	Fragmentation needed but nofrag. bit set——需要进行分片但设置不分片比特		√
3	5	Source routing failed——源站路由失败		√
3	6	Destination network unknown——目的网络未知		√
3	7	Destination host unknown——目的主机未知		√
3	8	Source host isolated (obsolete)——源主机被隔离(作废不用)		√
3	9	Destination network administratively prohibited——目的网络被强制禁止		√
3	10	Destination host administratively prohibited——目的主机被强制禁止		√
3	11	Network unreachable for TOS——由于服务类型 TOS,网络不可达		√
3	12	Host unreachable for TOS——由于服务类型 TOS,主机不可达		√
3	13	Communication administratively prohibited by filtering——由于过滤,通信被强制禁止		√
3	14	Host precedence violation——主机越权		√
3	15	Precedence cutoff in effect——优先终止生效		√
4	0	Source quench——源端被关闭(基本流控制)		
5	0	Redirect for network——对网络重定向		
5	1	Redirect for host——对主机重定向		
5	2	Redirect for TOS and network——对服务类型和网络重定向		
5	3	Redirect for TOS and host——对服务类型和主机重定向		
8	0	Echo request——回显请求(Ping 请求)	√	
9	0	Router advertisement——路由器通告		
10	0	Route solicitation——路由器请求		
11	0	TTL equals 0 during transit——传输期间生存时间为 0		√
11	1	TTL equals 0 during reassembly——在数据报组装期间生存时间为 0		√
12	0	IP header bad (catchall error)——坏的 IP 首部(包括各种差错)		√
12	1	Required options missing——缺少必需的选项		√
13	0	Timestamp request (obsolete)——时间戳请求(作废不用)	√	

续上表

类型	代码	描　述	查询	差错报告
14	0	Timestamp reply (obsolete)——时间戳应答(作废不用)	√	
15	0	Information request (obsolete)——信息请求(作废不用)	√	
16	0	Information reply (obsolete)——信息应答(作废不用)	√	
17	0	Address mask request——地址掩码请求	√	
18	0	Address mask reply——地址掩码应答	√	

下面是几种常见的ICMP报文:

(1)响应请求和应答。

日常使用最多的Ping,就是响应请求(类型=8)和应答(类型=0)。一台主机向一个结点发送一个类型=8的ICMP报文,如果途中没有异常(例如,被路由器丢弃、目标不回应ICMP或传输失败),则目标返回类型=0的ICMP报文,说明这台主机存在。更详细的tracert命令,通过计算ICMP报文通过的结点来确定主机与目标之间的网络距离。

(2)目标不可到达、源抑制和超时报文。

这三种报文的格式是一样的,目标不可到达报文(类型=3)在路由器或主机不能传递数据报时使用。例如,要连接对方一个不存在的系统端口(端口号小于1 024)时,将返回类型=3、代码=3的ICMP报文。常见的不可到达类型还有网络不可到达(代码=0)、主机不可到达(代码=1)、协议不可到达(代码=2)等。源抑制则充当一个控制流量的角色,它通知主机减少数据报流量,由于ICMP没有恢复传输的报文,所以只要停止该报文,主机就会逐渐恢复传输速率。最后,无连接方式网络的问题就是数据报丢失,或者长时间在网络传输而找不到目标,或者拥塞导致主机在规定时间内无法重组数据报分段,这时就要触发ICMP超时报文的产生。超时报文的代码域有两种取值:代码=0表示传输超时,代码=1表示重组分段超时。

(3)时间戳。

时间戳请求报文(类型=13)和时间戳应答报文(类型=14)用于测试两台主机之间数据报来回一次的传输时间。数据报传输时,主机填充原始时间戳,接收方收到请求后填充接收时间戳后以类型=14的报文格式返回,发送方计算这个时间差。一些系统不响应这种报文。

ICMP对网络安全具有极其重要的意义。ICMP本身的特点决定了它非常容易被用于攻击网络上的路由器和主机。比如,可以利用操作系统规定的ICMP数据包最大尺寸不超过64 KB这一规定,向主机发起"Ping of Death"(死亡之Ping)攻击。"Ping of Death"的攻击原理是:如果ICMP数据包的大小超过64 KB上限时,主机就会出现内存分配错误,导致TCP/IP堆栈崩溃,致使主机死机(现在的操作系统已经限制了发送ICMP数据包的大小,解决了这个漏洞)。

此外,向目标主机长时间、连续、大量地发送ICMP数据包,最终也会使系统瘫痪。大量的ICMP数据包会形成"ICMP风暴",使得目标主机耗费大量的CPU资源处理。

8.2　基于ICMP的主机扫描程序设计

Ping程序是面向用户的应用程序,该程序使用ICMP的封装机制,通过IP来工作。为了实现直接对IP和ICMP包进行操作,必须使用RAW模式的Socket编程。

8.2.1　主机扫描流程设计

定义一个 IcmpPacket 类来构造 ICMP 报文,发送数据包到客户机,然后等待返回的数据包,并计算来回的时间。加上域名解释功能,可直接输入域名。

根据 ping 命令的执行过程,可以把 ping 命令分成三个主要的步骤:

(1)定义 ICMP 报文。根据 ICMP 报文组成结构,定义了一个类——IcmpPacket 类。IcmpPacket 类通过实例化就能够得到 ICMP 报文。

(2)客户机发送封装 ICMP 回显请求报文的 IP 数据包。发送 IP 数据包,首先要创建一个能够发送封装 ICMP 回显请求报文的 IP 数据包 Socket 实例,然后调用此 Socket 实例中的 SendTo( )方法即可。

(3)客户机接收封装 ICMP 应答报文的 IP 数据包,只需调用 Socket 实例中的 ReceiveFrom( )方法就可以实现。

程序设计流程如图 8.3 所示。

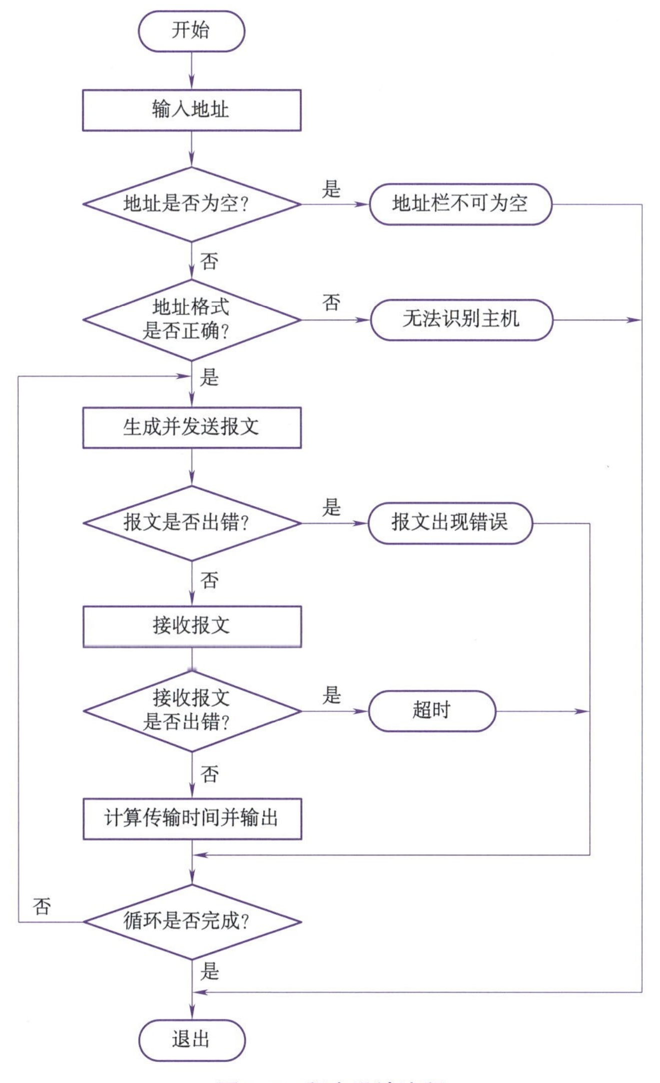

图 8.3　程序设计流程

8.2.2 主机扫描程序设计

程序运行界面如图 8.4 所示,图中探测的 IP 地址是 210.31.44.1,结果表明该主机是运行的。

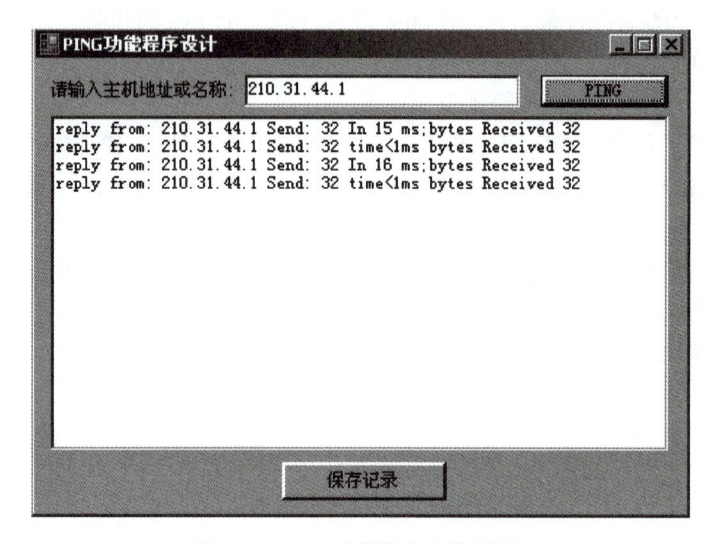

图 8.4 Ping 功能程序运行界面

(1)以下为 ICMP 类定义的 C#语言程序。

```
public class IcmPacket
{
    private Byte my_type;
    private Byte my_subCode;
    private UInt16 my_checkSum;
    private UInt16 my_identifier;
    private UInt16 my_sequenceNumber;
    private Byte[] my_data;
    public IcmPacket(Byte type,Byte subCode,UInt16 checkSum,UInt16 identifier,
UInt16 sequenceNumber, int dataSize)
    {
        my_type=type;
        my_subCode=subCode;
        my_checkSum=checkSum;
        my_identifier=identifier;
        my_sequenceNumber=sequenceNumber;
        my_data=new Byte[dataSize];
        for (int i=0;i<dataSize;i++)
        {
            my_data[i]=(byte)'k'  ;
        }
    }
```

```
    public UInt16 CheckSum
    {
        get
        {
            return my_checkSum;
        }
        set
        {
            my_checkSum=value;
        }
    }
    public int CountByte(Byte[] buffer)
    {
        Byte[] b_type=new Byte[1] {my_type};
        Byte[] b_code=new Byte[1] {my_subCode};
        Byte[] b_cksum=BitConverter.GetBytes(my_checkSum);
        Byte[] b_id=BitConverter.GetBytes(my_identifier);
        Byte[] b_seq=BitConverter.GetBytes(my_sequenceNumber);
        int i=0;
        Array.Copy(b_type,0,buffer,i,b_type.Length);
        i+=b_type.Length;
        Array.Copy(b_code,0,buffer,i,b_code.Length);
        i+=b_code.Length;
        Array.Copy(b_cksum,0,buffer,i,b_cksum.Length);
        i+=b_cksum.Length;
        Array.Copy(b_id,0,buffer,i,b_id.Length);
        i+=b_id.Length;
        Array.Copy(b_seq,0,buffer,i,b_seq.Length);
        i+=b_seq.Length;
        Array.Copy(my_data,0,buffer,i,my_data.Length);
        i+=my_data.Length;
        return i;
    }
    public static UInt16 SumOfCheck(UInt16[] buffer)
    {
        int cksum=0;
        for(int i=0;i<buffer.Length;i++)
            cksum+=(int)buffer[i];
        cksum=(cksum>>16)+(cksum&0xffff);
        cksum+=(cksum>>16);
        return(UInt16)(~cksum);
    }
}
```

(2)ping 部分。

```
private void btnPing_Click(object sender,EventArgs e)
{
    listBox1.Items.Clear();
    if(textBox1.Text=="")
    {
        MessageBox.Show("IP 地址不能为空!");
        return;
    }
    string Hostclient=textBox1.Text;
    Socket Socket=new Socket(AddressFamily.InterNetwork,SocketType.Raw,
ProtocolType.Icmp);
    Socket.ReceiveTimeout=1000;
    IPHostEntry Hostinfo;
    try
    {
        Hostinfo=Dns.GetHostEntry(Hostclient);
    }
    catch(Exception)
    {
        listBox1.Items.Add("无法辨识主机!");
        return;
    }
    EndPoint Hostpoint=(EndPoint)new IPEndPoint(Hostinfo.AddressList[0],0);
    IPHostEntry Clientinfo;
    Clientinfo=Dns.GetHostEntry(Hostclient);
    EndPoint Clientpoint=(EndPoint)new IPEndPoint(Clientinfo.AddressList[0],0);
    int DataSize=4;
    int PacketSize=DataSize+8;
    const int Icmp_echo=8;

    IcmPacket Packet=new IcmPacket(Icmp_echo,0,0,45,0,DataSize);
    Byte[] Buffer=new Byte[PacketSize];
    int index=Packet.CountByte(Buffer);
    if(index! =PacketSize)
    {
        listBox1.Items.Add("报文出现错误!");
        return;
    }
    int Cksum_buffer_length=(int)Math.Ceiling(((Double)index)/2);
    UInt16[] Cksum_buffer=new UInt16[Cksum_buffer_length];
    int Icmp_header_buffer_index=0;
    for(int I=0;I<Cksum_buffer_length;I++)
```

```
        {
            Cksum_buffer[I]=BitConverter.ToUInt16(Buffer,Icmp_header_buffer_
index);
            Icmp_header_buffer_index+=2;
        }
        Packet.CheckSum=IcmPacket.SumOfCheck(Cksum_buffer);
        Byte[] SendData=new Byte[PacketSize];
        index=Packet.CountByte(SendData);
        if(index! =PacketSize)
        {

            listBox1.Items.Add("报文出现错误!");
            return;
        }

        int pingNum=4;
        for(int i=0;i<4;i++)
        {
            int Nbytes=0;
            int startTime=Environment.TickCount;
            try
            {
                Nbytes=Socket.SendTo(SendData,PacketSize,SocketFlags.None,Hostpoint);
            }
            catch(Exception)
            {
                listBox1.Items.Add("无法传送报文!");
                return;
            }
            Byte[] ReceiveData=new Byte[256];
            Nbytes=0;
            int Timeconsume=0;
            while(true)
            {
                try
                {
                  Nbytes=Socket.ReceiveFrom(ReceiveData,256,SocketFlags.None,ref
    Clientpoint);
                  }
                  catch(Exception)
                  {
                      listBox1.Items.Add("超时无响应!");
                      break;
                  }
```

```
                if(Nbytes>0)
                {
                    Timeconsume=System.Environment.TickCount-startTime;
                    if(Timeconsume<1)
                        listBox1.Items.Add("reply from: " + Hostinfo.AddressList
[0].ToString()+" Send:"+(PacketSize+20).ToString()+"time<1ms "+
                     "bytes Received "+Nbytes.ToString());
                     else
                        listBox1.Items.Add("reply from: " + Hostinfo.AddressList
[0] .ToString ( ) + " Send: " + (PacketSize + 20) .ToString ( ) + " In " +
Timeconsume.ToString()+"ms;bytes Received"+Nbytes.
                       ToString());
                     break;
                 }
             }
         }
         Socket.Close();
     }
```

8.3 网络端口扫描原理

网络进程通信需要收发双方构成全相关。下面先阐述原理，然后分析端口扫描技术。

8.3.1 网络进程通信原理

网络通信实质上是两个网络进程之间的通信。在一个活动主机中，往往同时有多个进程在运行。在单机状态下，进程采用进程标识符来标志。但在网络环境下，通过使用端口号来标识每个具体的本地进程。端口号占用 16 位，其范围是 0~65 535，划分为以下三类：

(1)熟知端口号或系统端口号(0~1 023)。这是 IANA 组织统一规定的，专门指定为 TCP/IP 最重要的一些应用程序，在服务器上使用，并公布于众，作为保留端口号。这些端口号在网址 www.iana.org 上可以查到。一些常用端口号见表 8.2。

表 8.2 常见的熟知端口及其应用协议

传输层协议	端口号	服务进程	协议描述
UDP	42	NAME 服务器	主机名字服务器
UDP	53	域名	域名服务器
UDP	67	BOOTP 客户机	客户端引导协议服务
UDP	68	BOOTP 服务器	服务器端引导协议服务
UDP	69	TFTP	简单文件传输协议
UDP	111	RPC	远程过程调用
UDP	161	SNMP	简单网络管理协议

续上表

传输层协议	端口号	服务进程	协议描述
TCP	20	FTP 数据	文件传输服务器(数据连接)
TCP	21	FTP 控制	文件传输服务器(控制连接)
TCP	23	Telnet	远程终端服务器
TCP	25	SMTP	简单邮件传输协议
TCP	80	HTTP	超文本传输协议
TCP	110	POP	邮局协议

(2)注册端口号(1 024~49 151),主要是一些公司申请注册后,为用户提供专门服务的。

(3)动态端口号(49 152~65 535),是用户根据需要动态申请和使用的。通信结束后,刚使用的端口号就不再存在。

由于端口号是用来标识本地进程的,因此,不同主机的端口号可以相同,互不相关。有了端口号,在传输层上传输数据时就很明确地定位到通信的进程。比如,某服务器同时提供了电子邮件、Web 和 FTP 三类服务,对应端口号分别是 25、80 和 21。现有一客户机,端口号分别是 55 000、65 000 和 56 000,其中端口号为 65 000 的进程与服务器的 80 端口进行通信,则两者的网络传输原理如图 8.5 所示。由源端口 65 000、目的端口 80 和数据构成的报文,从客户机传输到服务器;相反,由源端口 80、目的端口 65 000 和数据构成的报文,从服务器传输到客户机。

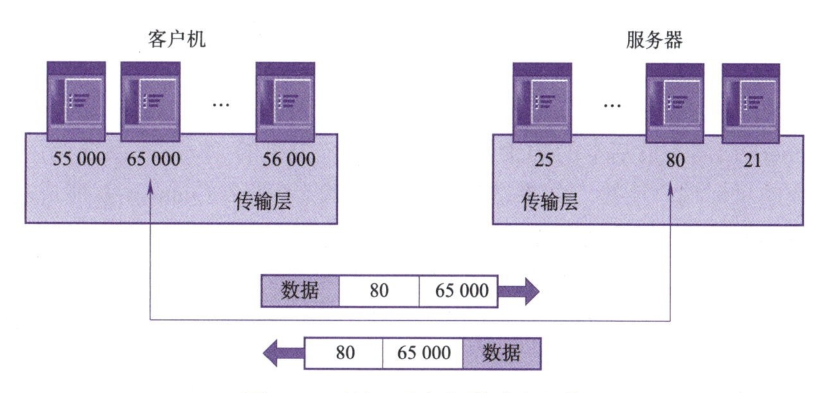

图 8.5　以端口为标识的进程通信

如果接收方并没有运行指定端口的进程,比如 80 端口进程并未启动,则到来的数据报会因无法交付而被 UDP 丢弃,同时,UDP 将要求 ICMP 发回一个“端口无法达到”的报文给对方。

除了进程通信之外,传输层还提供了网络层所没有的一些功能,比如,为了保证将应用数据正确交付给应用层,传输层协议的校验和既要校验首部,也要校验数据部分,并且只在发送端进行一次校验和计算,在接收端进行一次检测,中间经过的路由器对 TCP 和 UDP 而言是透明的,不会重复计算校验和。

8.3.2　端口扫描技术分析

端口扫描技术是一种自动探测本地和远程系统端口开放情况的策略及方法,是一种非常重要的预攻击探测手段。

从性能上，扫描器应在以下两方面达到要求：

（1）扫描速度：扫描的速度只跟 CPU 的速度有关。为了提高扫描速度，应采用多线程技术，同时对多个端口进行扫描和漏洞检测，而且扫描之前先用 ICMP 数据包探测主机是否处于激活状态；否则不进行扫描，以减少不必要的开销。

（2）效率：无论什么扫描器，都不需要对所有端口都设置扫描。其次是设置延迟的时间，若太长时间返回数据就丢掉，这样可以有效提高效率。

端口扫描的分类如图 8.6 所示。

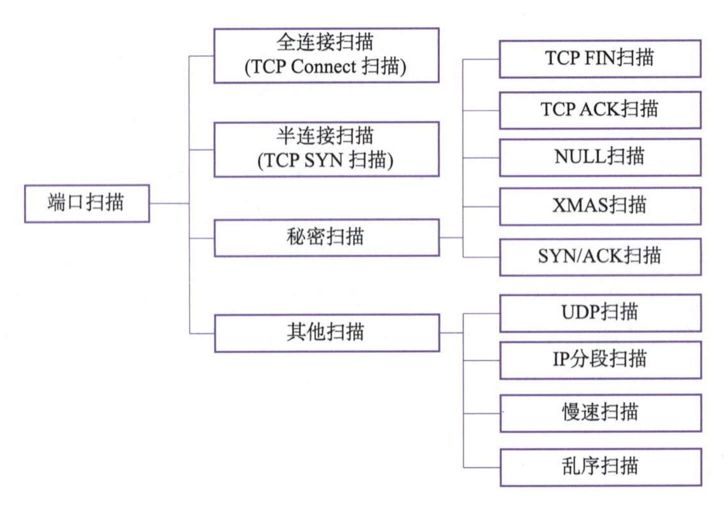

图 8.6　端口扫描的分类

TCP Connect 扫描是最基本的 TCP 扫描，操作系统提供的 Connect 系统调用可以用来与每一个感兴趣的目标端口连接。如果端口处于侦听状态，那么 Connect 就能成功。否则，这个端口是不能用的，即没有提供服务。该技术的一个最大优点是，系统中的任何用户都有权利使用这个调用。其另一个优点就是速度，如果对每个目标端口以线性的方式，使用单独的 Connect( ) 函数调用，那么将花费相当长的时间，用户可以通过同时打开多个套接字来加速扫描。其原理如图 8.7 所示。

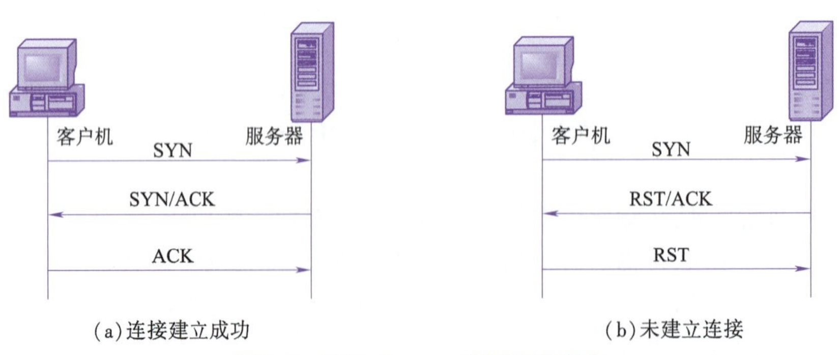

图 8.7　TCP Connect 扫描连接状态

该方法的缺点是很容易被察觉，并且被防火墙将扫描信息包过滤掉。目标计算机的日志文件会显示一连串的连接和连接出错消息,并且能很快使端口关闭。

8.4　网络端口扫描程序设计

8.4.1　端口扫描流程设计

由于被扫描的主机开放了一些端口,为其他进程提供服务,因此只需设计客户端程序。下面是采用 TCP Connect 方法的扫描流程,如图 8.8 所示。

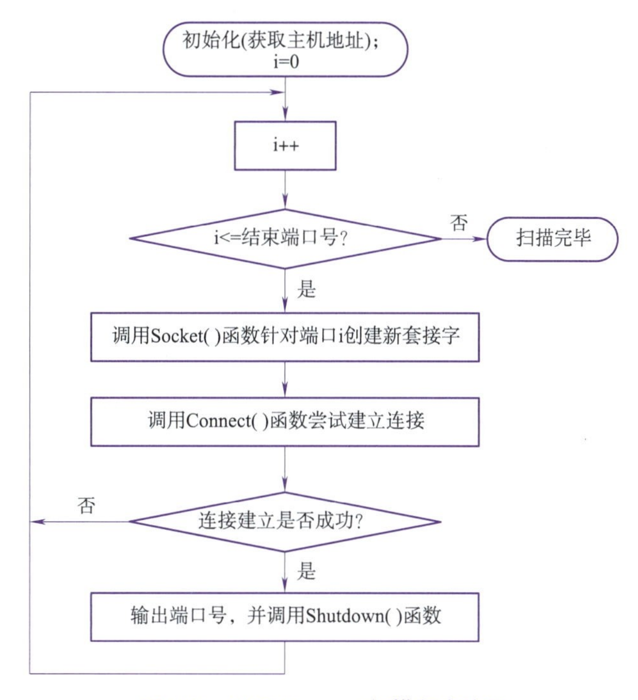

图 8.8　TCP Connect 扫描程序流程

8.4.2　指定端口扫描入门

下面给出一段 Python 程序,通过指定主机及其端口,在控制台下实现,说明端口扫描入门。

```
import socket
sock = socket.socket(socket.AF_INET,socket.SOCK_STREAM)
result = sock.connect_ex(('127.0.0.1',80))
if 0==result:
    print("端口开放")
    print("主机名:"+socket.gethostname())
else:
    print("端口未开放,返回结果:% s"% result)
```

8.4.3 具有人机界面的端口扫描程序

下面增加人机界面设计,给定端口扫描范围。

本端口扫描程序用 C#语言编写,运行界面如图 8.9 所示。

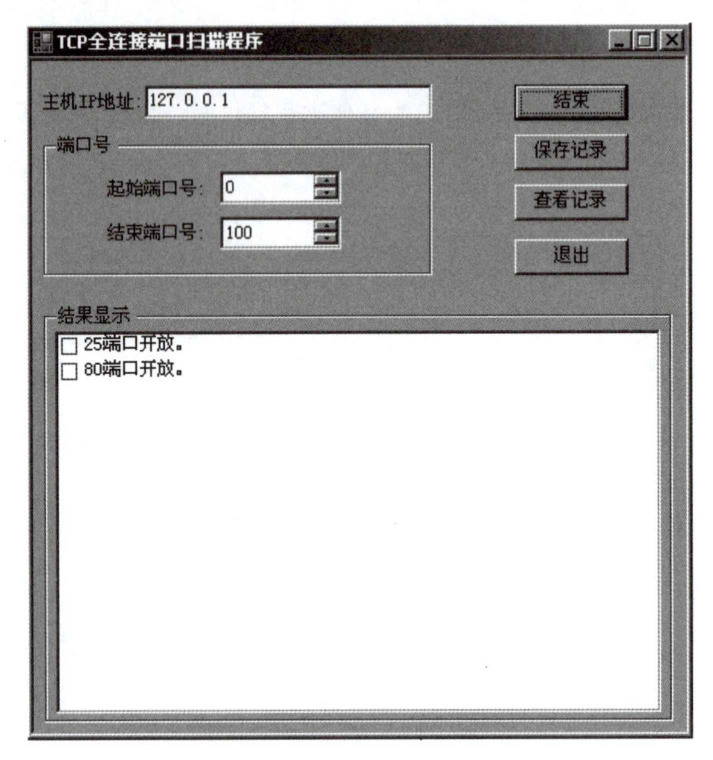

图 8.9 常规扫描程序运行界面

采用 TCP 全连接扫描方法,没有多线程技术。其主要程序段如下:

```
private void Start()
{
    connState=0;
    portSum=0;
    scanHost=txtHostname.Text;
    try
    {
        IPAddress ipaddr=(IPAddress)Dns.Resolve(scanHost).AddressList.
        GetValue(0);
        txtHostname.Text=ipaddr.ToString();
    }
    catch
    {
        txtHostname.Focus();
        MessageBox.Show("请输入正确的主机地址,该地址 DNS 无法解析","系统提示");
        return ;
```

```
    }
    for(Int32 threadNum=startPort;threadNum<=endPort;threadNum++)
    {
        NormalScan(threadNum);
    }
}
```

其中,txtHostname 为界面上给定的 IP 地址,startPort 和 endPort 分别是界面上给定的起始端口号和结束端口号。

NormalScan( )函数完成实际扫描,其定义如下:

```
private void NormalScan(Object state)
{
    Int32 port=(Int32)state;
    string tMsg="";
        TcpClient tcp=new TcpClient();
        try
        {
            tcp.Connect(scanHost,port);
                //该处如果建立连接错误的话,将不执行下面的代码,但将引发错误,会自动跳转
到 catch 语句
        portSum++;
        tMsg=port.ToString()+"端口开放。";
        portList.Items.Add(tMsg);
        tcp.Close();
    }
    catch
    {
        tcp.Close();
    }
}
```

在该段程序中,需要注意的是,当执行语句 tcp. Connect(scanHost, port)后,如果该端口是关闭的,则会引发一个异常,所以一定需要异常处理语句 try {}... catch{}。

8.4.4　多线程端口扫描程序设计案例

以上扫描程序是串行结构,扫描效率低。下面,采用多线程技术能够显著地提高扫描效率。其设计界面如图 8.10 所示。

图 8.10 展示了采用多线程时的全连接扫描情形,线程数设置为 5。单击“扫描”按钮,可以发现程序的运行效率明显加快。扫描结果中包含了端口号为 25 时的协议细节,表示本机上安装有 ESMTP 及其版本信息等。

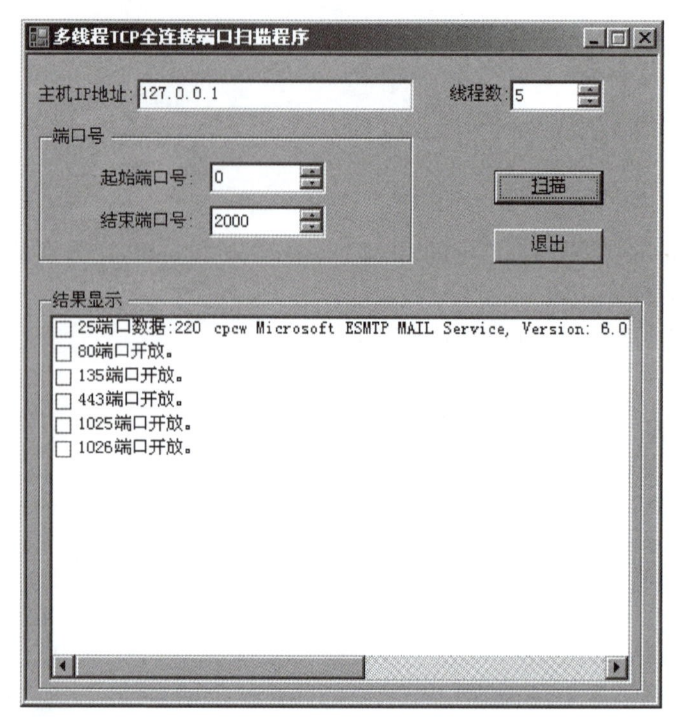

图 8.10 采用多线程技术的 TCP 全连接扫描程序运行状态

首先,设置最大线程数,并建立线程池,C#语言程序如下:

```
//设置最大线程数
ThreadPool.SetMaxThreads(setThreadNum,setThreadNum);
    for(Int32 threadNum=startPort;threadNum<=endPort;threadNum++)
    {
        ThreadPool.QueueUserWorkItem(new WaitCallback(StartScan),threadNum);
    }
函数 StartScan():
public void StartScan(Object state)
{
        Int32 port=(Int32) state;
        string tMsg="";
        string getData="";
        connState++; //判断线程数目
        try
        {
            TcpClient tcp=new TcpClient();
            tcp.Connect(scanHost,port);
        //将扫描结果记录在数组中
            portSum++;
        tMsg=port.ToString()+"端口开放。";
        portListArray[portSum-1]=tMsg;
```

```
            //获取服务协议类型
            Stream sm=tcp.GetStream();
sm.Write(Encoding.Default.GetBytes(tMsg.ToCharArray()),0,tMsg.Length);
            StreamReader sr=new StreamReader(tcp.GetStream(), Encoding.Default);
            try
            {
                getData=sr.ReadLine();
                //这行失败,无法读取协议信息,将自动跳转到 catch 语句
                if(getData.Length! =0)
                {
                    tMsg=port.ToString()+"端口数据:"+getData.ToString();
                    portListArray[portSum-1]=tMsg;
                }
        }
        catch
        {
        }
        finally
        {
            sr.Close();
            sm.Close();
            tcp.Close();
            Thread.Sleep(0); //表示应挂起该线程,以使其他等待线程能够执行
        }
        catch
        {
        }
        finally
        {
            Thread.Sleep(0);
            asyncOpsAreDone.Close();
        }
    }
}
```

在以上函数中,设计了四行语句以获得开放端口的协议信息:

```
Stream sm=tcp.GetStream();
sm.Write(Encoding.Default.GetBytes(tMsg.ToCharArray()),0,tMsg.Length);
StreamReader sr=new StreamReader(tcp.GetStream(),
Encoding.Default);
getData=sr.ReadLine();
```

协议细节保存在 getData 中,便于了解开放端口的细节,但会增加扫描的时间。

需要注意的是,许多端口号在执行 sr.ReadLine()语句时会产生异常,此时也需要主动

关闭 TCP 连接和数据流连接。当线程运行出现异常时,需要使用线程的 Sleep(0)方法,挂起该线程以便其他正在等待的线程能够顺利执行。

小 结

本章包括了两部分:一是主机扫描,从 ICMP 包结构出发,构造出网络命令 ping 的程序结构和实现代码,形成可视化扫描界面;二是端口扫描,根据端口号分配规则,探索远程主机开放的端口和网络服务,并给出了 TCP 全连接扫描和多线程扫描的程序示例。在 ping 程序中,可以设置多个主机,通过多个线程去同时扫描多个主机。在基于 TCP 的端口扫描方面,可以改变参数设置,研究扫描时延与线程数的关系,找到最佳扫描方案。

习 题

1. 网络命令 ping 调用了 ICMP,请描述其数据包格式,并采用 Wireshark 工具进行抓包分析。

2. 网络端口划分为哪三类? 请描述具体范围。

3. 调试和运行 8.2.2 节程序,并描述网络延迟的计算方法和编程实测效果。

4. 调试和运行 8.4.4 节程序,并分析线程数量与网络扫描时延的关系,绘制变化趋势图。

5. 请查阅数据报套接字编程原理和实现技术,编写一个基于 UDP 的端口扫描程序。

6. 采用多线程技术,同时探测多个活动主机。其主要要求:

(1)既可以在界面上输入多个 IP 地址或一个网段的地址范围(以英文分号或逗号隔开),也能够从文件中导入待探测的主机信息。

(2)能够计算每个主机的探测时间,并实现其数据显示和图形化显示。

(3)能够保存所有主机探测的时间和统计结果(成功、失败的次数)。

7. TCP 端口扫描功能的增强设计。

(1)将主机活动扫描和 TCP 全连接端口扫描合并为一个程序,并分别设计相应的人机界面。要求:从活动主机列表界面上任意选择一个活动主机,就能够启动其端口扫描功能。

(2)要求自动获取被扫描主机的 IP 地址,并增加 DNS 功能,将主机 IP 地址更换为主机名。

(3)设计多线程扫描功能,且分析如何自动检测线程的状态。

(4)计算扫描时间:以毫秒为单位,计算整个端口扫描的时间。

(5)在以上基础上进行实验分析,线程数量应该在什么范围内才比较合适,此时扫描时间较短且端口扫描完全,从而获取更高的扫描效率。

(6)增加扫描导入导出功能:通过界面操作,能够将扫描结果保存在某一个文本文件中,也能够将已有扫描结果从文件中读入到界面中。

8. 商用工具 FPORT2,能够扫描基于 TCP 和 UDP 的全部端口,如图 8.11 所示。请参照此工具,自行设计一个基于 UDP 服务的端口扫描程序,并与 FPORT2 进行比较。要求:

(1)具有图形化操作界面。

(2)采用多线程技术,实现高速扫描。

(3)能够计算扫描效率和准确率。

(4)扫描结果能够保存和查询。

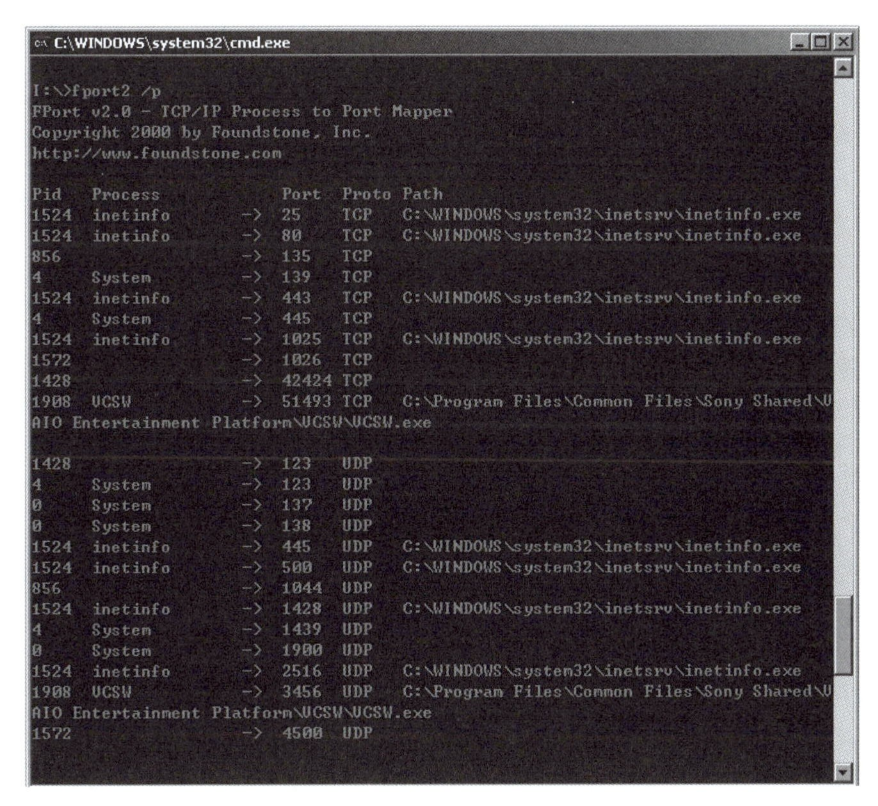

图 8.11　商用工具 FPORT2 的扫描效果

第 9 章 网络抓包程序设计

在网络数据采集实验中，应用普遍的是协议分析工具 Wireshark 和 Sniffer 等，其次是获取带宽、流量等应用工具。协议分析之前首先要实现数据抓包，经典的组件是 libpcap 和 winPcap，分别对应 UNIX/Linux 操作系统和 Windows 操作系统。

学习目标

(1)了解网络抓包方法。
(2)学会选用 WinPcap 或 SharpCap 进行抓包编程。
(3)学会利用原始套接字进行网络抓包程序设计。

9.1 网络抓包软件体系结构分析

网络抓包是对网络上收发的各层数据包进行捕获,以便进行协议分析。在结构上涉及到网络层、核心技术和用户交互层次,内容丰富。

9.1.1 网络抓包技术分析

在编程方面,网络抓包主要有以下技术:

1. 基于 WinPcap

WinPcap(Windows Packet Capture)是一款免费、开源项目,支持 x86 和 x64 两种环境,可以从其官网主页下载 WinPcap 驱动、源代码和开发文档。

WinPcap 在 Windows 平台下访问数据链路层,能够应用于网络数据包的构造、捕获和分析。该开源组件已经达到了工业标准的应用要求,便于程序员进行开发。很多不同的工具软件使用 WinPcap 用于网络分析、故障排除、网络安全监控等方面。

不过,WinPcap 在有些方面无能为力,例如,它不依靠网络协议 TCP/IP 去收发数据包。这意味着它不能阻塞,不能处理同一台主机中各程序之间的通信数据。还有,它只能嗅探到物理线路上的数据包,因此它不适用于流量整形、网络服务质量 QoS 调度以及个人防火墙。

2. 基于 SharpCap

SharpCap 是把 WinPcap 用 C#重新封装而来的,可以到官网下载。

在编程时，需要先安装 WinPcap 组件，再引用以上 SharpCap 的 2 个库文件 PacketDotNet. dll 和 SharpCap. dll。

3. 基于原始套接字技术

原始套接字是一种更底层的套接字技术，它与流式或者数据包套接字在功能上有很大的不同。流式/数据包套接字只能提供传输层及传输层以上的编程服务，而原始套接字可以提供上至应用层，下至链路层的编程服务。

9.1.2　WinPcap 的体系结构

WinPcap 是针对 Win32 平台上的抓包和网络分析的一个架构，其体系结构包含三个层次，如图 9.1 所示。

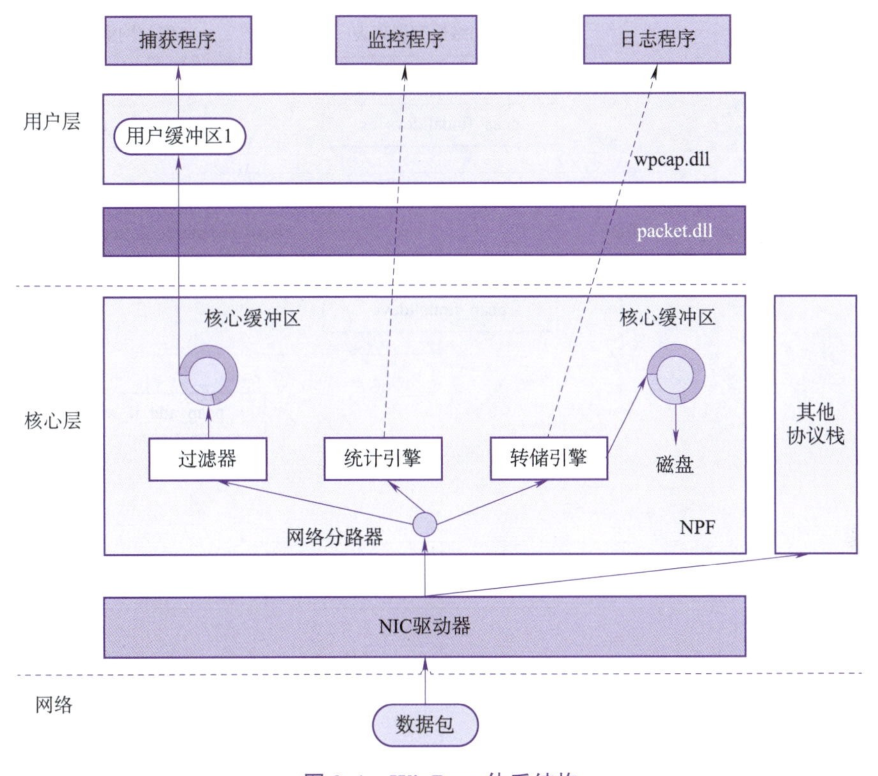

图 9.1　WinPcap 体系结构

首先，抓包系统必须绕过操作系统的协议栈来访问在网络上传输的原始数据包，这就要求一部分运行在操作系统核心内部，直接与网络接口驱动交互。这个部分是系统依赖，在 WinPcap 里它是一个设备驱动，称作网络数据包过滤器（netgroup packet filter，NPF）。

其次，抓包系统必须有用户级的程序接口，通过这些接口，用户程序可以利用内核驱动提供的高级特性。WinPcap 提供了两个不同的库：packet. dll 和 wpcap. dll。前者提供了一个底层 API，伴随着一个独立于 Microsoft 操作系统的编程接口，这些 API 可以直接用来访问驱动的函数；后者导出了一组更强大的与 libpcap 一致的高层抓包函数库。这些函数使得数据包的捕获以一种与网络硬件和操作系统无关的方式进行。

对于一般的要与 UNIX 平台上 libpcap 兼容的开发来说，使用 wpcap. dll 是当然的选择。

著名软件 tcpdump 及 idssnort 都是基于 libpcap 编写的，此外 Nmap 扫描器也是基于 libpcap 来捕获目标主机返回的数据包的。

9.2 基于 WinPcap 的抓包程序设计

下面先介绍 WinPcap 的功能函数及其调用关系，然后阐述网络抓包和发包的程序设计过程。

9.2.1 WinPcap 编程基础

一般采用 C++语言调用 WinPcap 功能函数，这些函数调用关系如图 9.2 所示。

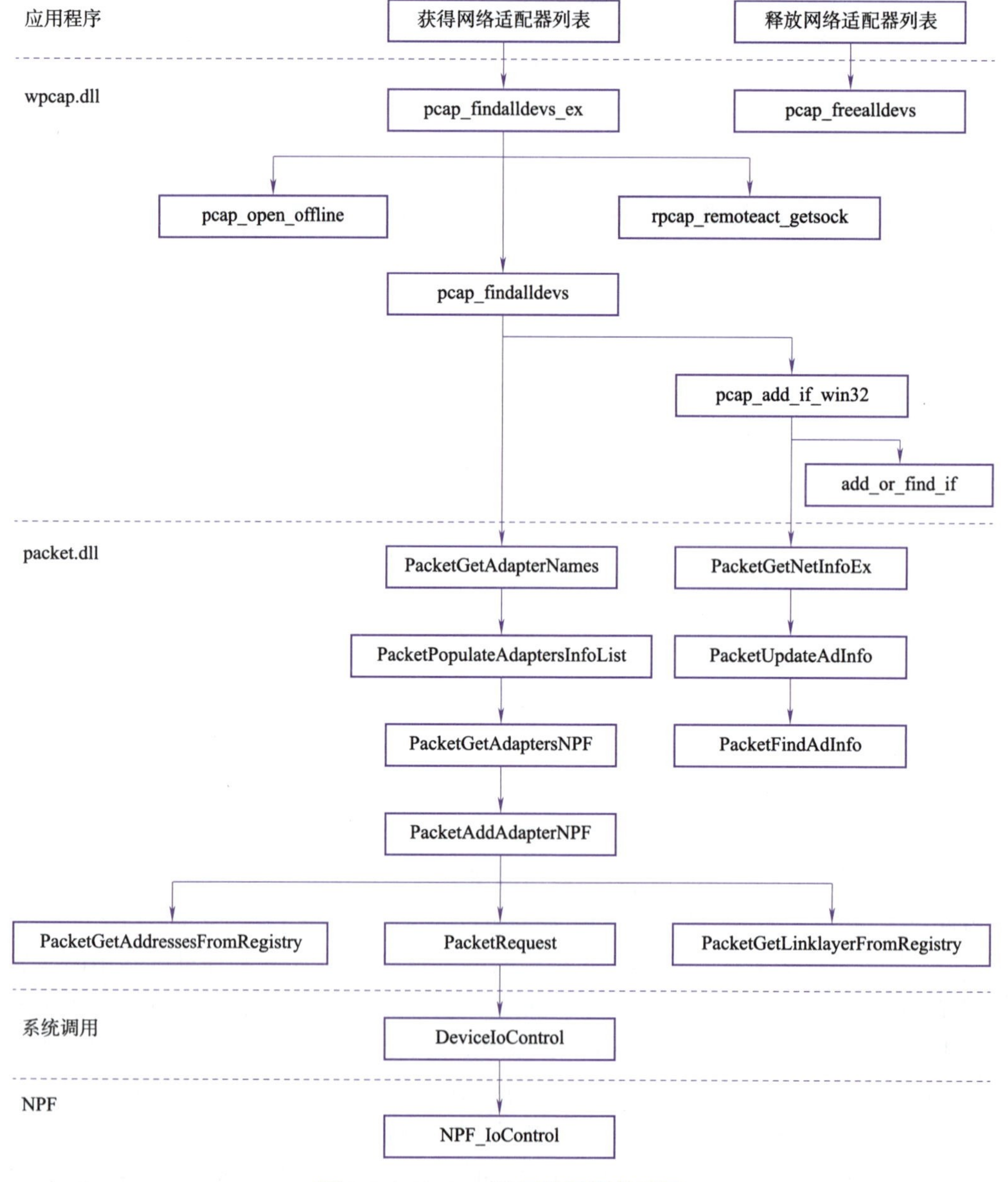

图 9.2 WinPcap( )函数调用关系图

wpcap.dll为了获得与释放已连接的网络适配器设备列表，提供了下列函数：

在文件\wpcap\libpcap\pcap\pcap.h中：

```
struct pcap_if;
struct pcap_addr;
int pcap_findalldevs(pcap_if_t * * alldevsp, char * errbuf);
void pcap_freealldevs(pcap_if_t * alldevsp ) ;
```

在文件wpcap\libpcap\remote-ext.h中：

```
int pcap_findalldevs_ex(char * source, struct pcap_rmtauth * auth, pcap_if_t *
* alldevs, char * errbuf);
```

具体描述如下：

1. pcap_if结构体

函数pcap_findalldevs_ex或pcap_findalldevs分别返回一个pcap_if_t类型的链表alldevs或alldevsp。每个pcap_if_t结构体都包含一个适配器的详细信息。其中成员name和description分别表示一个适配器的名称和一个更容易让人理解的描述。该结构体的定义如下：

```
typedef struct pcap_if pcap_if_t;
struct pcap_if {
    /* 如果不为NULL,则指向链表的下一个元素。如果为NULL,则为链表的尾部* /
    struct pcap_if * next;
    /* 给pcap_open_live函数传递的一个描述设备名称的字符串指针* /
    char * name;
    /* 如果不为NULL,则指向描述设备的一个可读字符串* /
    char * description;
    /* 一个指向接口地址链表的第一个元素的指针* /
    struct pcap_addr * addresses;
    /*
    * PCAP_IF_接口标志。当前仅有的可能标志为PCAP_IF_LOOPBACK,
    * 如果接口是回环的则设置该标志
    * /
    bpf_u_int32 flags;
};
```

其中结构体pcap_addr的定义在下面描述。结构体pcap_addr表示接口地址的信息，定义如下：

```
typedef struct pcap_addr pcap_addr_t;
struct pcap_addr {
struct pcap_addr * next; /* 指向下一个元素的指针* /
struct sockaddr * addr; /*  IP地址 * /
struct sockaddr * netmask; /* 网络掩码 * /
struct sockaddr * broadaddr; /* 广播地址 * /
struct sockaddr * dstaddr; /*  P2P目的地址* /
};
```

2. pcap_findalldevs_ex()函数

通常，编写基于 WinPcap 应用程序的第一件事情，就是获得已连接的网络适配器设备列表。然后，在程序结束时确保释放获取的设备列表。

WinPcap 提供了 pcap_findalldevs_ex()函数来实现这个功能，该函数的原型如下：

```
int pcap_findalldevs_ex(char * source, struct pcap_rmtauth * auth,
pcap_if_t * * alldevs, char * errbuf);
```

该函数创建一个能用 pcap_open()函数打开的网络适配器设备列表。该函数是旧函数 pcap_findalldevs()的一个扩展，pcap_findalldevs()是一个过时的函数，其只允许列出在本机上的网络设备。反之 pcap_findalldevs_ex()函数也允许列出一个远程机器上的网络设备，此外还能列出一个给定文件夹中可用的 pcap 文件。因为 pcap_findalldevs_ex()函数依赖于标准的 pcap_findalldevs()函数来获得本地机器的地址，所以它是平台无关的。

万一该函数必须列出远程机器上的设备，它对那台机器打开一个新的控制连接，重新获得那个网络接口并终止连接。然而，如果函数检测到远程计算机正处在"激活模式"下，连接不会终止并使用已存在的套接字。

"source"是一个告诉函数在哪儿查找设备的参数，并且它使用与 pcap_open()函数同样的语法。与 pcap_findalldevs()函数不同，该设备的名称(由 alldevs->name 指定，其他的存在已连接的链表中)已经被考虑用在 pcap_open()函数中。相反，pcap_findalldevs()函数的输出必须采用 pcap_createsrcstr()函数格式处理后，才能把源参数传递给 pcap_open()函数使用。

参数 source 是一个字符型的缓冲区，根据新的 WinPcap 语法保存着"源的位置"。检查该源以寻找适配器(本机的或远程的)(如源可以为本机的适配器"rpcap://"或远程的适配器"rpcap://host:port")或 pcap 文件(如源可以为"file://c:/myfolder/")。该字符串应该预先仔细考虑，为了阐明所需的源是否为本地/远程适配器或文件。这些源的含义都在新的语法规定(Source Specification Syntax)中定义。

参数 auth 是一个指向 pcap_rmtauth 结构体的指针。该指针保持着认证 RPCAP 连接到远程主机所需的信息。该参数对本地主机请求没什么意义，此时可以设为 NULL。

参数 alldevs 是一个"pcap_if_t"结构体类型的指针，在该函数中被正确地分配。该函数成功返回时，该指针被设置为指向网络设备链表的第一个元素，该链表的每个元素都是"pcap_if_t"类型。

参数 errbuf 是一个指向用户分配的缓冲区(大小为 PCAP_ERRBUF_SIZE)的指针，如果函数操作出现错误，该缓冲区将存储该错误信息。

函数成功则返回 0，如果有错误则返回-1。"alldevs"变量返回设备列表，当函数正确返回时，"alldevs"不能为 NULL。也就是说，当系统没有任何接口时，该函数也返回-1。"errbuf"变量返回错误信息，一个错误可能由下列原因导致：

- WinPcap 没有安装在本地/远程主机上；
- 用户没有足够的权限来列出这些设备/文件；
- 网络故障；
- RPCAP 版本协商失败(the RPCAP version negotiation failed)；
- 其他错误(如没足够的内存或其他的问题)。

值得注意的是,通过调用 pcap_findalldevs( ) 函数可能存在网络设备不能被 pcap_open( ) 函数打开的现象。比如可能没有足够的权限来打开它们并进行捕获,如果是这样,这些设备将不出现在设备列表中。

该函数所获取的设备列表必须采用 pcap_freealldevs( ) 函数手工进行释放。

3. pcap_findalldevs( ) 函数

函数 pcap_findalldevs 是一个过时的函数,其只允许列出本机上出现的网络设备。

函数原型如下:

```
int pcap_findalldevs(pcap_if_t * * alldevsp, char * errbuf);
```

函数获得已连接并能打开的所有网络设备列表,该列表能够被 pcap_open_live( ) 函数打开。参数 alldevsp 指向列表的第一个元素,列表的每个元素都为 pcap_if_t 类型。如果没有已连接并能打开的网络设备,该链表可能为 NULL。

函数失败返回-1,errbuf 存储合适的错误信息;成功返回 0。

值得注意的是,通过调用 pcap_findalldevs( ) 函数可能存在网络设备不能被 pcap_open_live( ) 函数打开的现象。比如可能没有足够的权限来打开它们并进行捕获,如果是这样,这些设备将不出现在设备列表中。

4. pcap_freealldevs( ) 函数

由 pcap_findalldevs_ex( ) 函数或 pcap_findalldevs( ) 函数返回的网络适配器设备链表,必须调用 pcap_freealldevs( ) 函数释放。

该函数的原型如下:

```
void pcap_freealldevs(pcap_if_t * alldevsp )
```

其中,alldevs 参数是指向 pcap_if_t 类型结构体的指针,该类型结构体记录了当前主机上所有可用的网络接口的详细信息。pcap_freealldevs( ) 会释放传入的 pcap_if_t 型链表,并将所有元素删除。

9.2.2　WinPcap 应用案例

下面给出几个案例,分别是采用 C++语言获取网卡、抓包和发包程序。

1. 获取网卡信息

下列代码能获取适配器列表,并在屏幕上显示出来,如果没有找到适配器,将打印错误信息。并在程序结束时释放设备列表。

在普通的 SOCKET 编程中,对双网卡编程是不行的。当主机为双网卡时,本程序可分别获得两张网卡各自的描述结构及地址,然后可以对它们分别进行操作。返回的 alldevs 队列首部为逻辑网卡,一般不对它进行什么操作。

```
#include "remote-ext.h"
#include "pcap.h"
main()
{
    pcap_if_t * alldevs;
    pcap_if_t * d;
```

```
    int i=0;
    char errbuf[PCAP_ERRBUF_SIZE];
    //获取本地机器设备列表
    if (pcap_findalldevs_ex(PCAP_SRC_IF_STRING, NULL , &alldevs, errbuf) == -1)
    {
        //获取设备列表失败,程序返回
        fprintf(stderr,"Error in pcap_findalldevs_ex: % s\n", errbuf);
        exit(1);
    }
    //打印设备列表
    for(d= alldevs; d ! = NULL; d= d->next)
    {
        printf("% d. % s", ++i, d->name);
        if (d->description)
        printf(" (% s)\n", d->description);
        else
        printf(" (No description available)\n");
    }
    if (i == 0)
    {
        //没找到设备接口,确认 WinPcap 已安装,程序退出
        printf("\nNo interfaces found! Make sureWinPcap is installed.\n");
        return;
    }
    //不再需要设备列表了,释放它
    pcap_freealldevs(alldevs);
}
```

首先,pcap_findalldevs_ex( )函数和其他 libpcap( )函数一样,有一个 errbuf 参数。一旦发生错误,这个参数将会被 libpcap 写入字符串类型的错误信息。

其次,不是所有的操作系统都支持 libpcap 提供的网络程序接口。因此,如果想编写一个可移植的应用程序,就必须考虑在什么情况下,description 是 null。在本程序中遇到这种情况时,会打印提示语句 No description available。

最后,当完成了设备列表的使用,要调用 pcap_freealldevs( )函数将其占用的内存资源释放。

2. 抓包

本程序俘获局域网内 UDP 报文。

```
#include "pcap.h"
/* 4 bytes IP address * /
typedef struct ip_address{
u_char byte1;
u_char byte2;
u_char byte3;
```

```
u_char byte4;
}ip_address;

/* IPv4 header * /
typedef struct ip_header{
u_char ver_ihl; // Version (4 bits) + Internet header length (4 bits)
u_char tos; // Type of service
u_short tlen; // Total length
u_short identification; // Identification
u_short flags_fo; // Flags (3 bits) + Fragment offset (13 bits)
u_char ttl; // Time to live
u_char proto; // Protocol
u_short crc; // Header checksum
ip_address saddr; // Source address
ip_address daddr; // Destination address
u_int op_pad; // Option + Padding
}ip_header;

/* UDP header* /
typedef struct udp_header{
u_short sport; // Source port
u_short dport; // Destination port
u_short len; // Datagram length
u_short crc; // Checksum
}udp_header;

/* prototype of the packet handler * /
void packet_handler(u_char * param, const struct pcap_pkthdr * header, const u_
char * pkt_data);
main()
{
    pcap_if_t * alldevs;
    pcap_if_t * d;
    int inum;
    int i=0;
    pcap_t * adhandle;
    char errbuf[PCAP_ERRBUF_SIZE];
    u_int netmask;
    char packet_filter[] = "ip and udp";
    struct bpf_program fcode;
    /* Retrieve the device list * /
    if (pcap_findalldevs(&alldevs, errbuf) == -1)
    {
        fprintf(stderr,"Error in pcap_findalldevs: % s\n", errbuf);
```

```
        exit(1);
    }
    /* Print the list * /
    for(d=alldevs; d; d=d->next)
    {
        printf("% d. % s", ++i, d->name);
        if (d->description)
            printf(" (% s)\n", d->description);
        else
            printf(" (No description available)\n");
    }
    if(i==0)
    {
        printf("\nNo interfaces found! Make sure WinPcap is installed. \n");
        return -1;
    }
    printf("Enter the interface number (1-% d):",i);
    scanf("% d", &inum);
    if(inum < 1 || inum > i)
    {
        printf("\nInterface number out of range. \n");
        /* Free the device list * /
        pcap_freealldevs(alldevs);
        return -1;
    }
    /* Jump to the selected adapter * /
    for(d=alldevs, i=0; i< inum-1 ;d=d->next, i++);
    /* Open the adapter * /
    if ( (adhandle= pcap_open_live(d->name, // name of the device
        65536, // portion of the packet to capture.
        // 65536 grants that the whole packet will be captured on all the MACs.
        1, // promiscuous mode
        1000, // read timeout
        errbuf // error buffer
        ) ) == NULL)
    {
         fprintf (stderr," \ nUnable to open the adapter. % s is not supported
byWinPcap\n");
        /* Free the device list * /
        pcap_freealldevs(alldevs);
        return -1;
    }
    /* Check the link layer. We support only Ethernet for simplicity. * /
    if(pcap_datalink(adhandle) ! = DLT_EN10MB)
```

```
        {
            fprintf(stderr,"\nThis program works only on Ethernet networks. \n");
            /* Free the device list * /
            pcap_freealldevs(alldevs);
            return -1;
        }
        if(d->addresses ! = NULL)
            /* Retrieve the mask of the first address of the interface * /
            netmask=((struct sockaddr_in * )(d->addresses->netmask))->sin_addr.S_
un.S_addr;
        else
            /* If the interface is without addresses we suppose to be in a C class
network * /
            netmask=0xffffff;
            //compile the filter
        if(pcap_compile(adhandle, &fcode, packet_filter, 1, netmask) <0 ){
            fprintf(stderr,"\nUnable to compile the packet filter.Check the syntax. \n");
            /* Free the device list * /
            pcap_freealldevs(alldevs);
            return -1;
        }
        //set the filter
        if(pcap_setfilter(adhandle, &fcode)<0){
            fprintf(stderr,"\nError setting the filter. \n");
            /* Free the device list * /
            pcap_freealldevs(alldevs);
            return -1;
        }
        printf("\nlistening on % s... \n", d->description);
        /* At this point, we don' t need any more the device list.Free it * /
        pcap_freealldevs(alldevs);
        /* start the capture * /
        pcap_loop(adhandle, 0, packet_handler, NULL);
        return 0;
    }

    /* Callback function invoked bylibpcapfor every incoming packet * /
    void packet_handler(u_char * param, const struct pcap_pkthdr * header, const u_
char * pkt_data)
    {
        struct tm * ltime;
        char timestr[16];
        ip_header * ih;
        udp_header * uh;
```

```
    u_int ip_len;
    /* convert the timestamp to readable format * /
    ltime=localtime(&header->v_sec);
    strftime( timestr, sizeof timestr, "% H:% M:% S", ltime);
    /* print timestamp and length of the packet * /
    /* retireve the position of the ip header * /
    ih = (ip_header * ) (pkt_data +
    ; //length of ethernet header
    /* retireve the position of the udp header * /
    ip_len = (ih->ver_ihl & 0xf) * 4;
    uh = (udp_header * ) ((u_char* )ih + ip_len);
    /* convert from network byte order to host byte order * /
    printf("% s.% .6d len:% d ", timestr, header->_usec, header->len);
    /* print ip addresses * /
    printf("% d.% d.% d.% d -> % d.% d.% d.% d\n",
    ih->saddr.byte1,
    ih->saddr.byte2,
    ih->saddr.byte3,
    ih->saddr.byte4,
    ih->daddr.byte1,
    ih->daddr.byte2,
    ih->daddr.byte3,
    ih->daddr.byte4
    );
}
```

3. 发包

要在命令行下运行,并附加参数:网卡描述符。或者添加代码 findalldevs( ),可自动获取网卡信息。

```
#include <stdlib.h>
#include <stdio.h>
#include "pcap.h"
void usage();
void main(int argc, char * * argv) {
    pcap_t * fp;
    char error[PCAP_ERRBUF_SIZE];
    u_char packet[100];
    int i;
    /* Check the validity of the command line * /
    if (argc ! = 2)
    {
        printf("usage: % s inerface", argv[0]);
        return;
```

```
    }
    /* Open the output adapter * /
    if((fp =pcap_open_live(argv[1], 100, 1, 1000, error) ) == NULL)
    {
        fprintf(stderr,"\nError opening adapter: % s \n", error);
        return;
    }
    /* Supposing to be on ethernet, set mac destination to 1:1:1:1:1:1 * /
    packet[0]=1;
    packet[1]=1;
    packet[2]=1;
    packet[3]=1;
    packet[4]=1;
    packet[5]=1;
    /* set mac source to 2:2:2:2:2:2 * /
    packet[6]=2;
    packet[7]=2;
    packet[8]=2;
    packet[9]=2;
    packet[10]=2;
    packet[11]=2;
    /* Fill the rest of the packet * /
    for(i=12;i<100;i++){
        packet=i% 256;
    }
    /* Send down the packet * /
    pcap_sendpacket(fp,packet);
    return;
}
```

9.3　基于 SharpCap 的抓包程序设计

SharpCap 是为应用 C#语言进行应用开发的抓包组件,应用比较广泛。下面阐述其应用基础和函数调用方法。

9.3.1　SharpCap 应用入门

下面示例用于显示本地网卡信息。

```
using System;
using System.Collections.Generic;
using System.Linq;
using System.Text;
usingSharpCap;
```

```
namespace capExample1
{
    class Program
    {
        static void Main(string[] args)
        {
            //输出 SharpCap 版本
            string ver =SharpCap.Version.VersionString;
            Console.WriteLine("SharpCap {0}, capExample1.cs", ver);

            //获取网卡列表
            var devices = CaptureDeviceList.Instance;

            if(devices.Count < 1)
            {
                Console.WriteLine("本机没有网卡");
                return;
            }

            Console.WriteLine("\n 本机有以下网络接口设备:");
            Console.WriteLine("-------------------------------------\n");

            //输出网卡列表
            foreach(var dev in devices)
                Console.WriteLine("{0}\n",dev.ToString());

            Console.Write("按回车键结束...");
            Console.ReadLine();
        }
    }
}
```

运行结果如图9.3所示。

9.3.2 常用数据结构和函数

PcapDevice类是整个操作的核心。

1. 获得网络设备

由于一个系统的网络设备可能不止一个,因而使用了一个列表类来保存所有的设备。这里使用了一个静态方法进行操作:

```
PcapDeviceList devices =SharpCap.GetAllDevices();
```

获取列表后,就能对设备进行操作了。其实设备分为2个子类:一类是NetworkDevice,

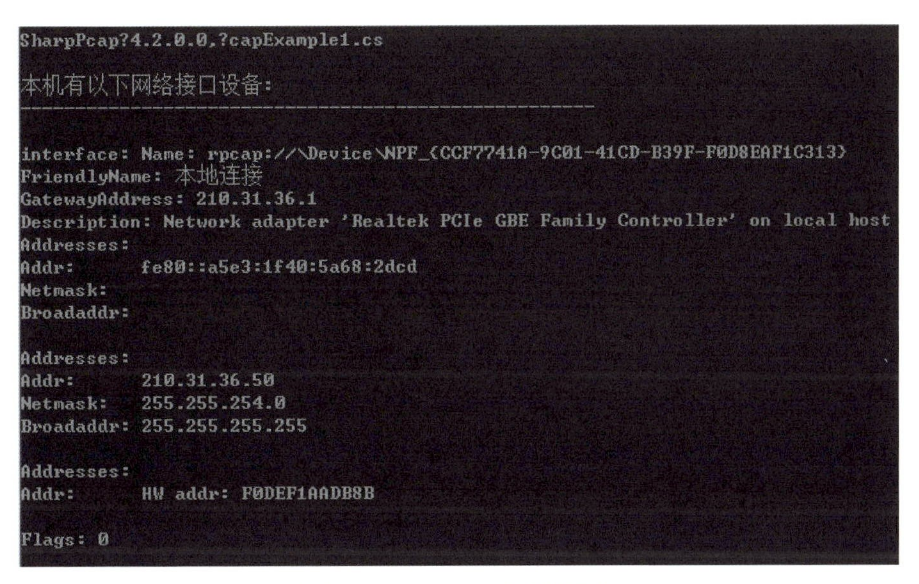

图 9.3　SharpCap 的简单示例

这个是真实的网络设备;还有一类是 PcapOfflineDevice,这个类是通过读取抓包文件生成的虚拟设备。

如果是 NetworkDevice,那么还有些其他的网络信息,如 IP 地址、子网掩码等。

2. 抓包过程

在选定了一个 PcapDevice 后,就能使用他的方法进行抓包了。首先要打开设备:

```
device.PcapOpen(true, 1000);
```

该方法提供两个参数,第一个为抓包模式,指明是否抓其他 IP 地址的包,类似 HUB 的功能;第二个是指超时时间,单位是毫秒。

下面就能正式抓包了,一共提供了三种方法:

(1) device. PcapStartCapture( );

异步方式,调用之后立即返回。具体抓下来的包由 PcapOnPacketArrival 事件处理。需要停止的时候,调用 device. PcapStopCapture( )进行关闭。

(2) device. PcapCapture(int packetCount);

半同步方式,调用后直到抓到 packetCount 数量的包才返回。具体抓下来的包,由 PcapOnPacketArrival 事件处理。

注意:如果传入 SharpCap. INFINITE 将不退出,永远都在接收,且程序就停在这个语句了。

(3) packet = device. PcapGetNextPacket( );

同步方式,调用后直接等待收到的下一个包,并获得该包。

注意:如果超时,就可能还没有获得包体就退出该过程。这时 packet = null,所以使用该方法每次都要对包进行检测。

最后一定要记得关闭设备。

```
device.Close();
```

3. 包体分析

在捕捉到包后,就需要根据实际的包进行转换了。

```
if(packet is TCPPacket)
{
    TCPPacket tcp = (TCPPacket)packet;
}
```

由于需要转换的包类型很多,具体都在 Tamir. IPLib. Packets 里面。应该与过滤机制配合使用,只对自己有用的包分析。

4. 过滤机制

包过滤是抓包程序的必备机制,要想对某次捕捉进行过滤,就必须在设备打开后、开始抓包前设置设备的过滤参数。

```
//tcpdump filter to capture only TCP/IP packets
string filter = "ip and tcp";
//Associate the filter with this capture
device.PcapSetFilter( filter );
```

注意的是,filter 是一个文本,遵循了 tcpdump syntax。

5. 其他

(1)保存功能。

SharpCap 还能保存捕获的包,需要在抓包前设置 Dump 的文件。

```
device.PcapDumpOpen( capFile);
```

抓到包后,把需要的包保存起来:

```
device.PcapDump( packet );
```

还可以把包文件当作一个脱机设备来使用:

```
device =SharpCap.GetPcapOfflineDevice( capFile );
```

然后这个设备也可以捕捉包,使用起来和真实的一样(当然不会有超时了)。

(2)对设备直接发包。

相对于捕捉包,也可以发送包。提供了两种方法:

①直接发送包:

```
device.PcapSendPacket( bytes );
```

②使用设备的发送队列:

```
device.PcapSendQueue(squeue, true );
```

比较而言,第一种方法容易,第二种方法高效。

9.4 基于原始套接字的抓包程序设计

通过设置网卡为混杂模式,原始套接字能够嗅探当前网络流经本网卡的所有数据包。

下面阐述一个网络抓包案例。

9.4.1　设计案例说明

如图 9.4 所示,该程序小巧,功能强大,支持 Windows 2000 后的所有操作系统,使用容易,操作十分简单。查看数据方便, 有 ASCII 数据和十六进制两种同时显示。

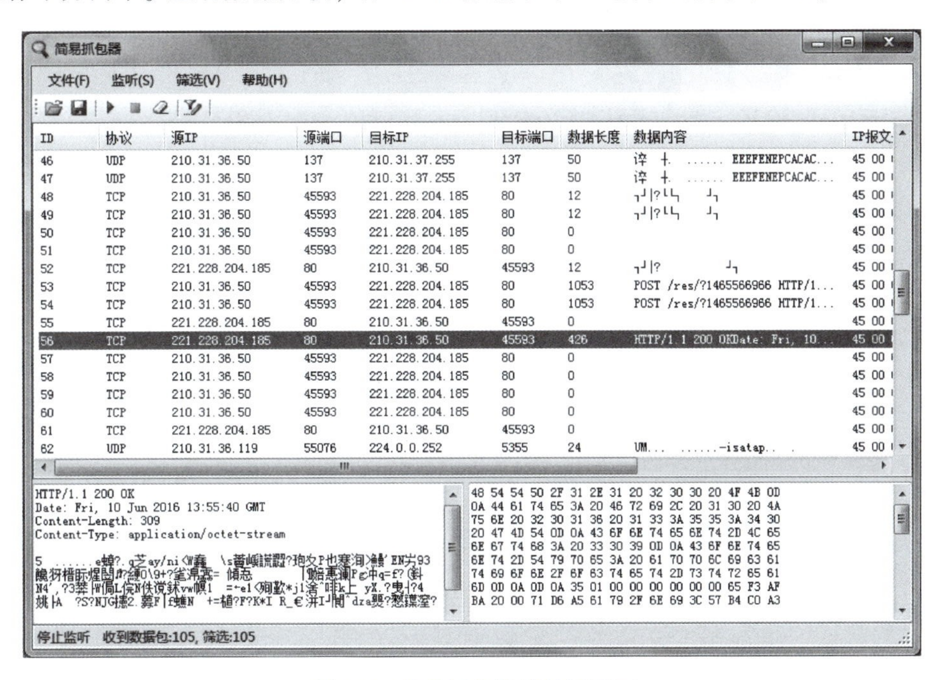

图 9.4　简易抓包器的运行界面

可按下列条件过滤:

(1)网络协议:TCP,UDP,ICMP。

(2)主机 IP。

(3)主机端口号。

运行界面如图 9.5 所示。

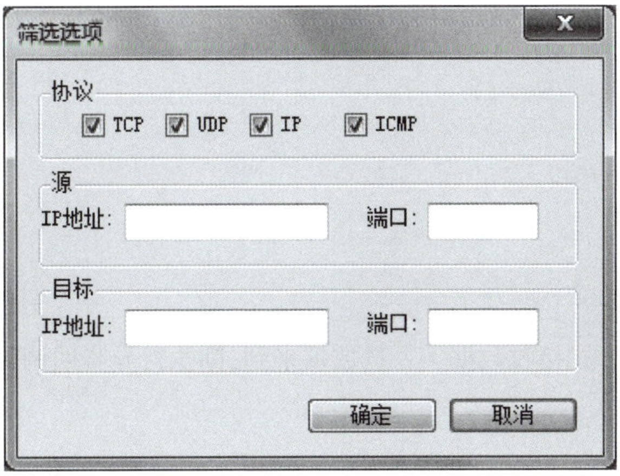

筛选选项

协议

TCP　UDP　IP　ICMP

源

IP地址:　端口:

目标

IP地址:　端口:

确定　取消

图 9.5　数据过滤界面

9.4.2 关键代码分析

采用 C#语言编写代码。

(1)原始套接字调用。

```
public void BindSocket(string IP)
    {
        IPAddress ipAddress = IPAddress.Parse(IP);
        this.socket = new Socket(AddressFamily.InterNetwork, SocketType.Raw,
ProtocolType.IP);
        try
        {
            socket.Blocking = false;
            socket.Bind(new IPEndPoint(ipAddress, 0));
        }
        catch (Exception E)
        {
            throw (E);
        }
    }

    public void SetOption()
    {
        try
        {
            socket.SetSocketOption(SocketOptionLevel.IP, SocketOptionName.
HeaderIncluded, 1);
            byte[] IN = new byte[4] { 1, 0, 0, 0 };
            byte[] OUT = new byte[4];
            int ret_code = -1;
            ret_code = socket.IOControl(SIO_RCVALL, IN, OUT);
            ret_code = OUT[0] + OUT[1] + OUT[2] + OUT[3];
        }
        catch (Exception E)
        {
            throw (E);
        }
    }
```

(2)接收协议分析。

采用异步套接字方式接收数据。一旦数据来到,则执行异步回调函数 CallReceive()。

```
private void BeginReceive()
    {
        isStop = false;
```

```
            if (socket ! = null)
            {
                object state = null;
                state = socket;
                socket.BeginReceive(receive_buf_bytes, 0, receive_buf_bytes.Length,
SocketFlags.None, new AsyncCallback(CallReceive), state);
            }
        }

        private void CallReceive(IAsyncResult ar)//异步回调
        {
            int received_bytes = 0;
            Socket m_socket = (Socket)ar.AsyncState;
            if (m_socket ! = null)
            {
                if (isStop == false)
                {
                    received_bytes = socket.EndReceive(ar);

                    Receive(receive_buf_bytes, received_bytes);
                }
                if (isStop == false)
                {
                    BeginReceive();
                }
            }
        }

        //协议判别
        private void Receive(byte[] receivedBytes, int receivedLength)
        {
            PacketArrivedEventArgs e = new PacketArrivedEventArgs();

            int IPVersion = Convert.ToInt16((receivedBytes[0] & 0xF0) >> 4);
            e.IPVersion = IPVersion.ToString();

            e.IPHeaderLength = Convert.ToUInt32((receivedBytes[0] & 0x0F) << 2);

            if (receivedBytes.Length >= 20)
            {
                switch (Convert.ToInt16(receivedBytes[9]))
                {
                    case 1:
                        e.Protocol = "IP";
```

```
                    break;
                case 2:
                    e.Protocol = "ICMP";
                    break;
                case 6:
                    e.Protocol = "TCP";
                    break;
                case 17:
                    e.Protocol = "UDP";
                    break;
                default:
                    e.Protocol = "UNKNOW";
                    break;
            }

            e.OriginationAddress = Convert.ToInt16(receivedBytes[12]).ToString
() + "." + Convert.ToInt16(receivedBytes[13]).ToString() + "." + Convert.ToInt16
(receivedBytes[14]).ToString() + "." + Convert.ToInt16(receivedBytes[15]).
ToString();
            e.DestinationAddress = Convert.ToInt16(receivedBytes[16]).ToString
() + "." + Convert.ToInt16(receivedBytes[17]).ToString() + "." + Convert.ToInt16
(receivedBytes[18]).ToString() + "." + Convert.ToInt16(receivedBytes[19]).
ToString();

            int Oport = ((receivedBytes[20] << 8) + receivedBytes[21]);
            e.OriginationPort = Oport.ToString();

            int Dport = ((receivedBytes[22] << 8) + receivedBytes[23]);
            e.DestinationPort = Dport.ToString();

            e.PacketLength = (uint)receivedLength;

            e.MessageLength = e.PacketLength - e.IPHeaderLength;

            e.PacketBuffer = new byte[e.PacketLength];
            e.IPHeaderBuffer = new byte[e.IPHeaderLength];
            e.MessageBuffer = new byte[e.MessageLength];

            Array.Copy(receivedBytes, 0, e.PacketBuffer, 0, (int)e.PacketLength);
            Array.Copy(receivedBytes, 0, e.IPHeaderBuffer, 0, e.IPHeaderLength);
            Array.Copy(receivedBytes, e.IPHeaderLength, e.MessageBuffer, 0,
(int)e.MessageLength);
        }
        OnPacketArrival(e);
    }
```

(3)网络监听。

```
    private MyTryRaw[] Sniffers;

    public SnifferService()
    {
        string[] IPList = GetLocalIPList();
        Sniffers = new MyTryRaw[IPList.Length];
        for (int i = 0; i < IPList.Length; i++)
        {
            try
            {
                Sniffers[i] = new MyTryRaw();
                try
                {
                    Sniffers[i].BindSocket(IPList[i]);
                }
                catch {}
                try
                {
                    Sniffers[i].SetOption();
                }
                catch { }

                Sniffers[i].PacketArrival += new MyTryRaw.PacketArrivedEventHandler
(SnifferServer_PacketArrival);
            }
            catch (Exception ex)
            {
                System.Windows.Forms.MessageBox.Show("适配器" + IPList[i] + "上的
监听启动失败:" + ex.Message);
            }
        }
    }
```

(4)获取本地地址。

```
    private string[] GetLocalIPList()
        {
            stringHostName = Dns.GetHostName();
            IPHostEntry IPEntry = Dns.GetHostEntry(HostName);
            IPAddress[] IPList = IPEntry.AddressList;

            System.Collections.ArrayList LocalIPList = new System.Collections.ArrayList();
            for (int i = 0; i < IPList.Length; i++)
```

```
            {
                if (IPList[i].AddressFamily == System.Net.Sockets.AddressFamily.
InterNetwork)
                {
                    LocalIPList.Add(IPList[i].ToString());
                }
            }
            return (string[])LocalIPList.ToArray(typeof(string));
        }
```

小　结

本章从网络抓包体系结构分析出发，比较了WinPcap、SharpCap、原始套件字三种编程方法及其特点。随后，采用C++语言，基于WinPcap开展了网络抓包程序设计，阐述了具体的编程示例。采用C#语言，基于SharpCap描述了网络抓包程序，给出了代码运行结果。最后，采用C#语言，基于原始套接字技术，阐述了一个比较完整的网络抓包程序，具有良好的应用界面，且具有数据筛选功能。如果将此前的网络测量、网络扫描、网络协议校验等技术综合起来，就能够实现一个功能强大的网络探测和综合分析系统。

习　题

1. 网络抓包有哪三种典型技术方案？请分析其功能和特点。

2. 分析图9.1所示的体系结构，描述其层次关系。

3. 调试和运行9.2节的程序，观察测试结果。

4. 基于9.2节程序，利用WinPcap组件设计一个ARP欺骗程序，能够构造ARP请求包或响应包，携带错误的IP地址和MAC地址对应关系，改变局域网主机ARP缓存中IP地址与MAC地址的对应关系。具体要求：

(1)正确配置WinPcap的编程环境；

(2)实现ARP请求或响应的构造功能；

(3)使用wpcap.dll，实现ARP报文的发送功能；

(4)借助网络分析工具Wireshark，对ARP欺骗过程进行验证和分析。

5. 调试和运行9.3程序，观察测试结果。

6. 基于9.3节内容，利用SharpCap组件设计一个Ping程序，功能与操作系统自带的类似。

7. 调试和运行9.4程序，观察测试结果。

8. 针对9.4节抓包程序，改进数据编码方法，使抓包数据能够正确显示中文。